常见观赏植物识别图鉴

壹号图编辑部 ● 主编

U0346939

江苏凤凰科学技术出版社

图书在版编目（CIP）数据

常见观赏植物识别图鉴 / 壹号图编辑部主编 . -- 南京 : 江苏凤凰科学技术出版社 ,2017.1

ISBN 978-7-5537-6655-3

Ⅰ . ①常⋯ Ⅱ . ①壹⋯ Ⅲ . ①观赏植物－观赏园艺－图解 Ⅳ . ① S68-64

中国版本图书馆 CIP 数据核字 (2016) 第 145877 号

常见观赏植物识别图鉴

主 编	壹号图编辑部
责 任 编 辑	祝 萍
责 任 监 制	曹叶平　　方 晨
出 版 发 行	凤凰出版传媒股份有限公司 江苏凤凰科学技术出版社
出版社地址	南京市湖南路 1 号 A 楼，邮编：210009
出版社网址	http://www.pspress.cn
经 销	凤凰出版传媒股份有限公司
印 刷	北京旭丰源印刷技术有限公司
开 本	718mm×1000mm 1/16
印 张	14
字 数	250 000
版 次	2017年1月第1版
印 次	2017年1月第1次印刷
标 准 书 号	ISBN 978-7-5537-6655-3
定 价	39.80元

图书如有印装质量问题，可随时向我社出版科调换。

前言

　　大自然的花草树木与我们朝夕相伴。我们生活在花草树木的世界里，我们的生活因为花草树木而多姿多彩，充满情趣。在街角、路旁、公园里……人们无数次从它们身边经过，却仅仅知道为数不多的花草树木的名字，感觉熟悉又陌生；很多人喜欢街角的小花，却缺少对它们辨认的知识。那么翻开本书，就可以近距离地认识和欣赏那些我们常见却不一定能叫出名字的常见花草，放松身心，靠近大自然，进行一次美妙的阅读体验。

　　《常见观赏植物识别图鉴》是一本集科学性、实践性、趣味性、知识性于一体的读物，也是植物爱好者了解、识别各种花草树木名称和形态的必备工具书。本书按照植物的观赏部位，将自然界中人们常见的植物分为观花植物、观叶植物、观果植物、观茎植物四类，共收录了400多种常见花草树木品种。对每种植物的别名、科属、原产地和特征进行详细的阐述，同时每种植物配有高清美图，便于读者辨认。此外，还介绍了每种植物的养护要点，比如应该怎样浇水、怎样施肥、适宜生长温度是多高等。对于每种植物的应用也进行了推荐，让读者在认识、了解、识别的过程中，把身边的花草树木引入家庭，从而装饰人们的卧室、阳台、花园和庭院，还能净化空气，美化环境，让人们尽情享受植物带来的乐趣。生活中有了这些花草树木的点缀，是一件非常美妙、惬意的事情。

　　总之，这本书采用图文对照的编写风格，描述详尽，将科学严谨的百科全书和趣味性科普读物的优点整合于一体，让读者在欣赏植物的同时，能全面了解它们的基础知识，更能轻而易举地学会辨认这些植物，具有较强的可读性、观赏性和实用性。

目录

Part 1
常见观花植物

常见
观花植物

鲜花在各种展会、婚礼等场合随处可见。
观花植物不仅花色艳丽，花形奇异，
很多都带有或氤氲淡雅或浓郁扑鼻的香气。
鲜花所表现出的美和人们的思想感情
以及品格信仰等能产生密不可分的关系。
观花植物不仅能陶冶人们的情操，
还能为繁忙的工作和生活增添乐趣。

仙客来

别　名：兔耳花
科　属：报春花科，仙客来属
原产地：希腊、叙利亚、黎巴嫩等

喜温暖的环境，怕炎热

每月可追施2～3次腐熟有机肥

5～22℃

保持盆土湿润

特征 多年生草本植物。叶片心状卵圆形，叶片有细锯齿，叶面为绿色，叶背为绿色或暗红色；花葶高15～20厘米；花萼通常分裂达基部，裂片三角形或长圆状三角形；花冠为白色或玫瑰红色，喉部为深紫色。

应用 适合种植于室内花盆，冬季则需温室种植。

花冠为白色或是玫瑰红色，喉部为深紫色，筒部近半球形，裂片为长圆状披针形，稍微尖锐。

叶片心状卵圆形，直径为3～14厘米，先端稍锐尖，边缘有细锯齿，质地稍厚，叶面为绿色。

四季报春

别　名: 四季樱草
科　属: 报春花科，报春花属
原产地: 中国

 喜温暖的环境

 生长期每15天施肥1次

🌡 10 ~ 25℃

保持土壤湿润

特征 多年生宿根草本植物。叶聚生于植株基部，叶片大而圆，有毛；花簇生在从中抽生出的长茎顶端，花冠较小，单瓣复瓣不一；伞形花序，花 10 ~ 15 朵，花色有玫红色、粉红色、紫色、蓝色等；种子棕褐色。

应用 用于花坛、花境栽植或作盆栽等。

多花报春

别　名: 西洋报春
科　属: 报春花科，报春花属
原产地: 西欧

 全日照或半日照

 生长期每10天施肥1次

🌡 13 ~ 18℃

  生长期和盛花期应多浇水

特征 多年生草本植物。常作一年、二年生栽培；株丛不大；叶倒卵形；伞形花序多数丛生；品种极为丰富，花色有黄、橙、红、紫、蓝、白色等；大花花径 4 ~ 5 厘米，双筒萼瓣化，呈复瓣或重瓣状。

应用 用于岩石园、花坛栽植或作盆栽等。

黄花菜

别　名：金针菜
科　属：百合科，萱草属
原产地：中国

 全日照或半日照　　 以有机肥为主，施足基肥，早施苗肥

 15 ~ 25℃　　 保持土壤湿润

特征 多年生草本植物。根近肉质，中下部常有纺锤状膨大；叶基生，狭长带状，下端重叠，向上渐平展；花葶长短不一，茎顶分枝开花，花多朵，大型，橙黄色，漏斗形；花被淡黄色、橘红色、黑紫色。

应用 用于庭院、花境栽植或作切花等。

花茎自叶腋抽出，茎顶分枝开花，花为橙黄色，漏斗形，花被6裂。花最多可达100朵以上。

叶片基生，7 ~ 20枚，狭长带状，下端重叠，向上渐平展，全缘，中脉于叶下面凸出。

假龙头花

别　名：囊萼花、棉铃花、芝麻花
科　属：唇形科，假龙头花属
原产地：北美洲

☀ 喜温暖、阳光
充足的环境

🌸 每15天施1次氮、
磷、钾复合肥

🌡 5 ~ 25℃

🔒 保持盆土湿润

特征 多年生宿根草本植物。茎丛生而直立，四棱形；单叶对生，披针形，亮绿色，边缘有锯齿；穗状花序顶生，花茎上无叶，苞片极小，花萼筒状钟形，有三角形锐齿；每轮有花2朵，唇瓣短，花淡紫红色。

应用 用于花坛、花境栽植或作盆栽等。

红花鼠尾草

别　名：朱唇
科　属：唇形科，鼠尾草属
原产地：美洲热带地区

 喜温暖、光照充
足的环境

 每7天施肥1次

 15 ~ 30℃

 土壤干则浇水，
浇则浇透

特征 一年生草本花卉。植株丛生状；叶长心形，灰绿色，叶表有凹凸状纹理，叶缘有钝锯齿，香味浓郁；总状花序顶生；花冠筒形，分为2唇，下唇比上唇长；花萼钟形；花绯红色，花姿轻盈明媚。

应用 用于布置花坛、花境或丛植于草坪等。

郁金香

别　名：荷兰花
科　属：百合科，郁金香属
原产地：东亚、土耳其一带

 喜光照充足的环境

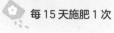 每15天施肥1次

 5 ~ 25℃

 保持土壤湿润

特征 多年生草本植物。鳞茎卵形，外层皮纸质，内面顶端和基部有少数伏毛；叶有 3 ~ 5 枚，条状披针形至卵状披针状；花单朵，顶生，花被片红色或杂有白色和黄色，花瓣 6 枚，倒卵形，鲜红色或是紫红色。

应用 用于庭院、花坛栽植或作盆栽、切花等。

玉竹

别　名：尾参、铃铛菜、葳蕤
科　属：百合科，黄精属
原产地：中国西南地区

 半日照

施足基肥

 15 ~ 25℃

 保持土壤湿润

特征 多年生草本植物。根茎横走，肉质黄白色，密生多数须根；叶互生，椭圆形至卵状矩圆形，叶面绿色，下面灰色；花腋生，通常 1 ~ 3 朵簇生；无苞片或有条状披针形苞片；花被黄绿色至白色。

应用 用于花境、林缘栽植或作盆栽等。

毛百合

别　名：卷帘百合、散了花
科　属：百合科，百合属
原产地：中国、朝鲜等

喜光照充足的环境

以施有机肥为主，无机肥为辅

 15 ~ 25℃

 保持土壤湿润

特征 多年生草本植物。鳞茎卵状球形，鳞片宽披针形，白色；叶散生，茎端则 4 ~ 5 枚轮生。花 1 ~ 2 朵顶生，橙红色或红色，有紫红色斑点，外轮花被片倒披针形，外披白色绵毛，内轮花被片稍窄。

应用 用于花坛、花境、林缘和石园花卉栽植或作切花等。

麝香百合

别　名：铁炮百合
科　属：百合科，百合属
原产地：中国台湾、日本琉球群岛

特征 多年生草本植物。鳞茎球形或近球形；鳞片白色；叶散生，披针形或矩圆状披针形；花单生或 2～3 朵顶生，有淡绿色长的花筒，花被有 6 枚，前部外翻呈喇叭状，乳白色，极香，花柱细长，形状优美。

应用 用于布置花坛、花境、园林小品或作盆栽等。

 喜光照充足的环境

 花期内可施磷、钾肥 1～2 次

10～20℃

保持土壤湿润

卷丹

别　名：虎皮百合
科　属：百合科，百合属
原产地：中国、日本等

特征 多年生草本植物。鳞茎近宽球形，鳞片宽卵形，白色。叶散生，矩圆状披针形或披针形，两面近无毛，苞片叶状，卵状披针形；花下垂，花被片披针形，花瓣平展或外翻卷，故有"卷丹"美名。

应用 用于庭院栽植，也可用于盆栽和切花等。

 喜光照充足的环境

 施足基肥，薄肥勤施

 15～28℃

 少量多次浇水

美国薄荷

别　名：马薄荷
科　属：唇形科，美国薄荷属
原产地：美洲

特征 多年生草本植物。株高 100～120 厘米；茎直立，四棱形；叶片质薄，对生，卵形或卵状披针形，背部有柔毛；花朵密集于茎顶，轮伞花序；花萼细长，花簇生于茎顶；花冠管状，淡紫红色。

应用 可种植于花园、林下或水边，也可用于盆栽和切花。

 喜湿润、向阳的环境

 生长季每 15 天施 1 次肥

 21～24℃

 保持土壤湿润

百合

别　名：山丹、重迈
科　属：百合科，百合属
原产地：中国

 喜冷爽湿润的
环境

 以农家堆肥和氮、
磷、钾复合肥为宜

 15 ~ 25℃

 土壤干则浇水

特征 多年生草本植物。根分为肉质根和纤维状
根两类；茎直立，圆柱形，常有紫色斑点；
鳞茎球形，先端常开放如莲座状，由多数
肉质肥厚、卵匙形的鳞片聚合而成；花朵
大，多为白色，漏斗形，单生于茎顶。

应用 用于庭院种植、盆栽和插花等。

玉簪

别　名：玉春棒、白鹤花
科　属：百合科，玉簪属
原产地：中国、日本

喜阴湿的环境

 薄肥勤施

 15 ~ 25℃

 保持土壤湿润，
夏季多浇水

特征 多年生宿根草本植物。根状茎粗大，白色；
叶基生，大型，叶片卵形至心形，有长柄，
有多数平行叶脉；顶生总状花序，花白色，
漏斗状，有浓香，因其花苞质地娇莹如玉，
状似头簪而得名。

应用 用于园林种植、盆栽等。

风信子

别　名：洋水仙、西洋水仙
科　属：风信子科，风信子属
原产地：南欧、地中海东部等

 喜阳光充足和半阴的环境

 勤施肥，保持土壤肥沃

 10～18℃

 保持盆土湿润，忌积水

特征　多年生草本植物。地下茎球形，叶厚披针形。总状花序顶生，小花 10～20 朵密生上部，多横向生长，漏斗形；花被筒形，上部 4 裂；花冠漏斗状，反卷。常见栽培有红、黄、蓝、白、紫各色品种。

应用　是春季布置花坛及草坪边缘的优良宿根花卉，也可盆栽、水养或作切花。

秋水仙

别　名：草地番红花
科　属：百合科，秋水仙属
原产地：欧洲和地中海沿岸

 喜阳光充足的环境

 施足基肥

 10～18℃

 生长期注意浇水，保持土壤湿润

特征　多年生草本球根花卉。球茎卵形，外皮黑褐色。茎极短，大部埋于地下；每葶开花 1～4 朵，花蕾呈纺锤形，开放时似漏斗，淡粉红色或紫红色；秋季开淡红色花，次年春天长出暗绿色叶子。

应用　用于园林、花坛、花境栽植等。

铃兰

别　名：君影草、风铃草
科　属：百合科，铃兰属
原产地：欧洲、亚洲及北美洲

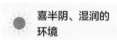 喜半阴、湿润的环境

 每10天施1次稀薄饼肥水或液肥

 12 ~ 20℃

 保持土壤湿润

特征 多年生草本植物。植株矮小，全株无毛，地下有多分枝而匍匐平展的根状茎。基部有数枚鞘状的膜质鳞片。叶椭圆形或卵状披针形；花钟状，下垂，总状花序；花葶稍外弯；苞片披针形。

应用 用于花坛、花境栽植或作盆栽、切花等。

叶片为椭圆形或卵状披针形，先端近急尖，基部为楔形；叶柄长 8 ~ 20 厘米。

花葶高 15 ~ 30 厘米，稍外弯；苞片披针形；花白色，裂片卵状三角形，先端尖锐。

亚洲百合

别　名：无
科　属：百合科，百合属
原产地：美国哥伦布市、阿拉斯加州等

 喜光照充足的
环境

 生长期每 7 天可
施 1 次液肥

🌡 15 ~ 25℃

💧 保持土壤湿润

特征 由卷丹、垂花百合等种和杂种群中选育出
来的栽培杂种系。球根花卉；鳞茎近球形；
叶片披针形；花色丰富，花型姿态分为 3
类：花朵向上开放；花朵向外开放；花朵
下垂，花瓣外卷。

应用 用于花坛、花境、林缘及石园花卉或作切
花等。

东方百合

别　名：杂种百合
科　属：百合科，百合属
原产地：中国长江流域以南

 喜光照充足的
环境

 栽种前施足基肥

 15 ~ 25℃

 每 10 天浇 1 次水

特征 由天香百合、鹿子百合、日本百合等种和
它们与湖北百合的杂种中选育出来的栽培
杂种系。球根花卉；叶片披针形；以花朵
大型、色彩丰富、气味芳香而为人们所青
睐；花色丰富，花型可分为 4 组。

应用 用于花坛、花境、林缘栽植或作切花。

睡莲

别　名： 子午莲
科　属： 睡莲科，睡莲属
原产地： 北非、东南亚热带地区等

 喜光照充足的环境

 盛花期前后每15天1次

25 ~ 30℃

 初期的水位要浅，逐步提高水位

特征 多年生水生草本植物。根状茎肥厚，叶2型：浮水叶圆形或卵形，心形或箭形，常无出水叶；沉水叶薄膜质；花大形、美丽，浮在或高出水面；萼片近离生；花瓣白色、蓝色、黄色或粉红色，呈多轮状。

应用 可用于家庭园艺、园林水景、大型主题公园等。

花单生，大型，花瓣多为8枚，颜色有白色、黄色等，呈多轮状；花萼4枚，绿色。

叶多为圆形、近圆形、卵圆形，或为披针形或箭形；叶正面绿色，背面紫红色。

火炬花

别　名：红火棒、火把莲
科　属：百合科，火把莲属
原产地：南非

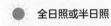 全日照或半日照

 生长旺盛期每月施肥 1 次

 18 ~ 25℃

 保持土壤湿润

特征 多年生草本植物。株高 80 ~ 120 厘米，茎直立；叶线形，基部丛生；总状花序着生数百朵筒状小花，花色有黄、橙红、红色等，挺拔的花茎高高擎起如火炬，花期6 ~ 7 月；蒴果黄褐色，果期 9 月。

应用 可丛植于草坪之中或植于假山石旁，花枝可作切花。

苦郎树

别　名：苦蓝盘、假茉莉
科　属：马鞭草科，大青属
原产地：印度、斯里兰卡等

 喜高温、光照充足的环境

 一年中施肥2 ~ 3 次

 22 ~ 30℃

 保持土壤湿润

特征 攀缘状灌木植物。直立或平卧；叶对生，薄革质，卵形、椭圆形或椭圆状披针形等；聚伞花序，通常由 3 朵花组成，着生于叶腋或枝顶叶腋；花萼钟状；花冠白色，顶端 5 裂，裂片长椭圆形。

应用 用于园林栽植或作盆栽等。

白花丹

别　名：照药、白雪花
科　属：白花丹科，白花丹属
原产地：中国、南亚和东南亚

特征 常绿半灌木植物。直立，多分枝；叶片薄，通常为长卵形。穗状花序顶生或腋生，大多含 25 ~ 270 朵花；苞片狭长卵状三角形至披针形；花萼先端有 5 枚三角形小裂片；花冠白色或微带蓝白色。

应用 用于庭院栽植或盆栽等。

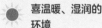 喜温暖、湿润的环境

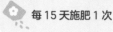 每 15 天施肥 1 次

 20 ~ 25℃

 保持土壤湿润

补血草

别　名：盐云草、海蔓荆
科　属：白花丹科，补血草属
原产地：中国、越南

特征 多年生草本植物。全株（除萼外）无毛；叶基生，淡绿色或灰绿色，倒卵状长圆形、长圆状披针形至披针形；花集合成短而密的小穗，集生于花轴分枝顶端；花序伞房状或圆锥状；外苞卵形；花萼漏斗状。

应用 用作药材或作鲜切花等。

喜光照充足的环境

生长期每 30 天施肥 1 次

 10 ~ 20℃

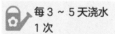 每 3 ~ 5 天浇水 1 次

蓝雪花

别　名：蓝花丹、蓝茉莉
科　属：白花丹科，白花丹属
原产地：南非

特征 多年生常绿灌木植物。幼苗时枝条直立，后期悬垂；单叶互生，宽卵形或倒卵形，枝两端者较小，叶片薄，全缘；穗状花序顶生或腋生；花冠高脚碟状，浅蓝色或白色；筒部紫红色，裂片蓝色，倒三角形。

应用 用于林缘、草坪栽植或作盆栽等。

喜光照充足、温暖的环境

春、夏季每 7 天施肥 1 次

 20 ~ 25℃

 保持土壤湿润

薰衣草

别　名：灵香草、香草、黄香草
科　属：唇形科，薰衣草属
原产地：地中海沿岸、欧洲各地等

特征 多年生耐寒花卉。茎直立，被有星状的绒毛，老枝灰褐色；在花枝上的叶较大，叶条形或披针状条形；轮伞花序，通常有花6～10朵，在枝顶聚集穗状花序；苞片菱状卵形；花萼卵状筒形或近筒状。

应用 用于庭院、花坛栽植或作盆栽、切花等。

 喜光照充足的环境　　 定植后早施肥，勤施肥

 5～30℃　　 保持土壤湿润

一串蓝

别　名：蓝花鼠尾草、粉萼鼠尾草
科　属：唇形科，鼠尾草属
原产地：美洲

特征 一年生草本植物。植株丛生状；茎直立，多分枝，枝近方形；叶灰绿色，卵圆形至长披针形，对生，有时似轮生，有粗锯齿缘；花顶生，紫色，唇形花，上唇瓣小，下唇瓣大；花萼为矩圆形钟状。

应用 用于花坛栽植或作盆栽、切花等。

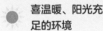 喜温暖、阳光充足的环境　　 开花前每20天追肥1次

 15～30℃　　 保持土壤湿润

合欢

别　名：夜合欢、夜合树、苦情花
科　属：豆科，合欢属
原产地：中国

特征 落叶乔木。树冠开展，小枝有棱角，嫩枝、花序和叶轴被绒毛或短柔毛；小叶线形至长圆形，向上偏斜，先端有小尖头；头状花序于枝顶排成圆锥花序；花粉红色；花萼管状；花冠裂片呈三角形。

应用 可种植于庭院、林缘、道旁、草坪、山坡等地。

 喜温暖、阳光充足的环境　　 花后施追肥，秋末施足基肥

 13～18℃　　 干旱时则浇水

一串红

别　名：爆仗红、象牙红
科　属：唇形科，鼠尾草属
原产地：巴西

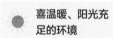 喜温暖、阳光充足的环境

 施足基肥，每月追肥 2 ~ 3 次

 20 ~ 25℃

 见干见湿，土壤干则浇水

特征 多年生草本花卉。茎钝四棱形，有浅槽，无毛；叶卵圆形或三角状卵圆形，先端渐尖，基部截形或圆形；轮伞花序 2 ~ 6 朵，组成顶生总状花序；苞片卵圆形，红色；花冠红色，外被微柔毛。

应用 用作花丛、花坛的主体材料或自然式纯植于林缘。

轮伞花序，有花 2 ~ 6 朵；苞片卵圆形；花萼、花冠均为红色，花萼钟形，花冠筒状。

叶片绿色，卵圆形或三角状卵圆形，先端逐渐尖锐，边缘有锯齿，叶片下面有腺点。

多花紫藤

别　名：日本紫藤

科　属：豆科，紫藤属

原产地：日本

- 喜光照充足的环境
- 每年施 2 ~ 3 次复合肥
- 5 ~ 25℃
- 保持土壤湿润

特征 落叶大型藤本植物。树皮赤褐色；茎右旋，枝较细柔；小叶 5 ~ 9 对，薄纸质，卵状披针形；总状花序，生于枝梢，自下而上开花；苞片披针形；花萼杯状，圆头，下方 3 齿锐尖；花冠为紫色至蓝紫色。

应用 用于园林棚架绿化或盆栽等。

常春油麻藤

别　名：牛马藤、大血藤

科　属：豆科，黧豆属

原产地：中国

- 喜温暖、半阴的环境
- 每 1 ~ 2 个月追肥 1 次
- 20 ~ 30℃
- 春、夏季生长期保持土壤湿润

 特征 常绿木质藤本植物。三出羽状复叶，互生，革质，顶生小叶椭圆形或卵状椭圆形，侧生小叶斜卵形，全缘；总状花序，每节上有 3 朵花，花较大，盛开时像成串的小雀；花冠深紫色或紫红色；花萼外被暗褐色短毛。

应用 用于棚架和建筑物、围墙、岩壁等处的垂直绿化。

禾雀花

别　名：雀儿花、白花油麻藤
科　属：蝶形花科，黧豆属
原产地：亚洲热带和亚热带地区

 喜光照充足的环境

 春夏季节施肥 2 ~ 4 次

 20 ~ 30℃

 保持土壤湿润

特征 木质藤本植物。嫩枝褐色或绿色，柔软细长；老枝表皮龟裂，间有红褐色纵向条纹；羽状复叶有3枚小叶，小叶近革质，顶生小叶椭圆形、卵形等；簇串状花穗，花5瓣，白色、粉色等，形状似禾雀。

应用 用于大型棚架、顶面绿化或假山等处的垂直绿化等。

槐

别　名：国槐、槐树、豆槐
科　属：豆科，槐属
原产地：中国

 喜光照充足的环境

 施足基肥

 15 ~ 25℃

 保持土壤湿润

特征 乔木。高达25米；树皮有纵裂纹；托叶形状多变，有时呈卵形，叶状；小叶4 ~ 7对，对生或近互生，纸质，卵状披针形或卵状长圆形；圆锥花序顶生；花萼浅钟状，萼齿5枚；花冠白色或淡黄色。

应用 用于行道树、庭园树和环境保护林带栽植。

蜀葵

别　名：一丈红、大蜀季
科　属：锦葵科，蜀葵属
原产地：中国四川

 喜阳光充足的环境

 15 ~ 30℃

 开花前追肥 1 ~ 2 次

 开花期适当浇水

特征 二年生直立草本植物。叶近圆心形；花腋生，单生或近簇生，排列成总状花序式；小苞片杯状，裂片卵状披针形，密被星状粗硬毛；花萼钟状；花大，有红、紫、黑紫等色，单瓣或重瓣，花瓣倒卵状三角形。

应用 可种植在花坛、草坪或作盆栽、切花等。

花腋生，单生或近簇生，花色有红、紫等色，花瓣倒卵状三角形；花萼为钟状，5齿裂。

叶片近圆心形，掌状 5 ~ 7 浅裂或有波状棱角，裂片为三角形或圆形，被有星状柔毛。

紫荆

别　名：红紫荆、满条红
科　属：豆科，紫荆属
原产地：中国南部

特征 丛生或单生灌木植物。高2～5米；树皮和小枝灰白色；叶纸质，近圆形或三角状圆形，两面通常无毛，嫩叶绿色，叶缘膜质透明；花紫红色或粉红色，2～10朵成束，簇生于老枝和主干上。

应用 用于庭院、草坪栽植和小区绿化等。

喜光照充足的环境

13～25℃

定植时施足基肥

保持土壤湿润

白刺花

别　名：苦刺、马蹄针
科　属：豆科，槐属
原产地：中国

特征 灌木或小乔木植物。树枝多开展。羽状复叶，托叶钻状；小叶一般为椭圆状卵形或倒卵状长圆形；总状花序着生在小枝顶端，花较小；花萼钟状，蓝紫色；花冠白色或淡黄色，有时旗瓣稍带红紫色。

应用 用于园林栽植或作盆栽等。

喜温暖、光照充足的环境

15～25℃

每20天施1次肥

保持土壤湿润

洋紫荆

别　名：香港樱花、红花羊蹄甲
科　属：苏木科，羊蹄甲属
原产地：中国香港、广东等

特征 落叶乔木植物。树皮暗褐色；叶近革质，广卵形至近圆形；总状花序侧生或顶生，少花；总花梗短而粗；苞片和小苞片卵形，极早落；花大，近无梗；花瓣倒卵形或倒披针形，紫红色或淡红色。

应用 用于行道树、庭荫风景树及蜜源植物等。

喜温暖、光照充足的环境

20～25℃

每月施肥1次

保持土壤湿润

无忧花

别　名： 火焰花、四方木
科　属： 苏木科，无忧花属
原产地： 亚洲热带地区、中国等

特征 常绿乔木植物。高 5 ～ 20 米；嫩叶略带紫红色，下垂；小叶近革质，长椭圆形、卵状披针形或长倒卵形；花序腋生，花较大；总苞大，阔卵形；苞片卵形、披针形或长圆形；花黄色，后部变红色。

应用 用于庭园绿化和观赏树种。

 喜阳光充足、温暖的环境

 生长旺盛期每月施氮肥 1 次

🌡 23 ～ 30℃

保持土壤湿润

白花杜鹃

别　名： 尖叶杜鹃、白杜鹃
科　属： 杜鹃花科，杜鹃属
原产地： 中国

特征 半常绿灌木植物。幼枝开展，分枝多；叶纸质，披针形至卵状披针形或长圆状披针形，上面深绿色，混生短腺毛；伞形花序顶生，有花 1 ～ 3 朵；花萼绿色，裂片 5 枚，披针形；花冠白色或淡红色，阔漏斗形。

应用 可在林缘、溪边、池畔等成丛、成片栽植，也可用作盆栽。

 喜温暖、半阴的环境

适时适量，薄肥勤施

🌡 15 ～ 25℃

保持土壤湿润

岭南杜鹃

别　名： 紫花杜鹃
科　属： 杜鹃花科，杜鹃属
原产地： 中国安徽、江西、福建等

特征 落叶灌木植物。分枝多，幼枝密被有红棕色的糙伏毛；老枝灰褐色，密被红棕色或深褐色糙伏毛；叶革质，集生枝端，椭圆状披针形至椭圆状倒卵形；伞形花序顶生，有花 7 ～ 16 朵；花冠狭漏斗状，丁香紫色。

应用 可在林缘、溪边等成丛、成片栽植，或用作盆栽。

 喜温暖、半阴的环境

适时适量，薄肥勤施

🌡 15 ～ 25℃

保持土壤湿润

羊踯躅

别　名：黄杜鹃、闹羊花
科　属：杜鹃花科，杜鹃花属
原产地：中国东部

喜温暖、半阴的环境

适时适量，薄肥勤施

15 ~ 25℃

保持土壤湿润

特征 落叶灌木植物。分枝稀疏，枝条直立，幼时密被灰白色柔毛及疏刚毛；叶纸质，长圆形至长圆状披针形；总状伞形花序顶生，花多达13朵；花萼裂片小，圆齿状；花冠阔漏斗形，黄色或金黄色。

应用 用于园林种植或作盆栽等。

总状花序，顶生，先开花后长叶或花与叶同时开放；花冠阔漏斗形，黄色或是金黄色，内有深红色的斑点。

叶片纸质，长圆形至长圆状披针形，有短尖头，基部为楔形，边缘有软毛。

凤仙花

别　名：指甲花、金凤花、女儿花
科　属：凤仙花科，凤仙花属
原产地：中国、马来西亚等

(特征) 一年生草本花卉。茎粗壮，肉质，直立；
叶互生，最下部叶有时对生；叶片披针形、
狭椭圆形或倒披针形；花单生或 2 ~ 3 朵
簇生于叶腋，白色、粉红色或紫色等，单
瓣或重瓣；苞片线形；萼片卵状披针形。

(应用) 用于庭园绿化和观赏树种。

喜光照充足的环境	薄肥勤施
16 ~ 26℃	保持土壤湿润

非洲凤仙

别　名：玻璃翠、苏丹凤仙花
科　属：凤仙花科，凤仙花属
原产地：非洲东部热带地区

(特征) 多年生肉质草本植物。茎粗壮，直立，绿
色或淡红色；叶互生，阔或狭披针形；花
单生或 2 ~ 3 朵簇生于叶腋，无总花梗；
花形似蝴蝶，白色、粉红色或紫色等；凤
仙花多单瓣，重瓣的称凤球花。

(应用) 用于吊篮、花墙、花坛栽植等。

喜温暖、阳光充足的环境	生长季每 15 天追肥 1 次
17 ~ 20℃	保持土壤湿润

新几内亚凤仙

别　名：五彩凤仙花、四季凤仙
科　属：凤仙花科，凤仙花属
原产地：非洲热带山地

(特征) 多年生常绿草本植物。茎肉质，光滑，分
枝多，青绿色或红褐色；叶互生，叶片卵
状披针形，叶色黄绿至深绿色；花单生或
数朵成伞房花序；花柄长；花瓣桃红色、
粉红色、橙红色、紫红白色等。

(应用) 用作花坛、花境布置或盆栽观赏。

喜光照充足的环境	生长期、花期每 15 天施 1 次薄肥
17 ~ 26℃	土壤干则浇水，浇则浇透

Part 1　常见观花植物

35

姜花

别　名：香雪花、野姜花
科　属：姜科，姜花属
原产地：亚洲热带地区和印度等

（特征）草本植物。叶序互生，叶片长圆状披针形或披针形，叶背略带薄毛；穗状花序顶生，椭圆形；花萼管状；苞片呈覆瓦状排列，卵圆形；每苞片内有花2～3朵，花白色；花冠管纤细，裂片披针形。

（应用）可条植、丛植于路边、庭院等，或作盆栽和切花。

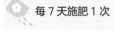 喜光照充足的环境

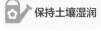 每7天施肥1次

25～30℃

保持土壤湿润

瓷玫瑰

别　名：火炬姜、菲律宾蜡花
科　属：姜科，艳山姜属
原产地：热带非洲、印度尼西亚等

（特征）多年生草本植物。植株丛生；叶互生，2行排列，线形至椭圆形或椭圆状披针形，叶片深绿色；头状花序由地下茎抽出，玫瑰花型，花瓣革质，表面光滑，亮丽如瓷，有50～100枚花瓣。

（应用）用于园林种植、盆栽和切花等。

 喜光照充足的环境

春、秋季每1～2个月施肥1次

25～30℃

保持土壤湿润

莪术

别　名：蒁药、姜黄、青姜
科　属：姜科，姜黄属
原产地：中国、印度、马来西亚等

（特征）多年生宿根草本植物。株高约1米。根茎圆柱形；叶直立，椭圆状长圆形至长圆状披针形；花葶由根茎单独发出；穗状花序阔椭圆形；苞片卵形至倒卵形；花萼白色，顶端3裂；裂片长圆形，黄色。

（应用）用于盆栽和作切花等。

喜阳光充足的环境

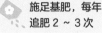 施足基肥，每年追肥2～3次

 23～30℃

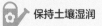 保持土壤湿润

杜鹃

别　名：山石榴、映山红
科　属：杜鹃花科，杜鹃花属
原产地：中国

 喜温暖、半阴的环境

每15天追1次肥

 15 ~ 25℃

 每2天浇1次透水

特征 落叶灌木植物。分枝多而纤细。叶革质，常集生枝端，卵形、椭圆状卵形或倒卵形等；花芽卵球形，鳞片外面中部以上被糙伏毛；花朵簇生枝顶，每簇花 2 ~ 6 朵；花冠阔漏斗形，玫瑰色、鲜红色或暗红色。

应用 用于园林栽植或作花篱、花丛配植和盆栽等。

花簇生于枝顶；花萼 5 深裂；花冠阔漏斗形，裂片 5 枚，倒卵形，上部裂片有深红色斑点。

叶片革质，卵形、椭圆状卵形或倒卵形等，先端短渐尖，边缘有细齿，叶面为深绿色。

天蓝绣球

别　名：锥花福禄考、草夹竹桃
科　属：花荵科，天蓝绣球属
原产地：北美洲东部

 喜阳光充足或半
阴的环境

 每15天施1次
稀薄有机肥

🌡️ 20 ~ 25℃

土壤干则浇水

特征 多年生草本植物。茎直立，粗壮；叶对生
或3叶轮生，长圆形或卵状披针形；伞房
状圆锥花序，多花密集成顶生；花萼筒状，
裂片钻状；花冠碟状，淡红、红、白、紫
等色，有柔毛，裂片倒卵形。

应用 可作花坛、花境材料或用于盆栽、切花。

福禄考

别　名：福禄花、福乐花
科　属：花荵科，天蓝绣球属
原产地：北美南部

 喜阳光充足的
环境

 开花期每25天
追肥1次

🌡️ 15 ~ 25℃

保持土壤湿润

特征 一年生草本植物。茎直立，单一或分枝；
下部叶对生，上部叶互生，形状为宽卵形、
长圆形和披针形；圆锥状聚伞花序顶生；
花瓣类型多种；花萼筒状；花冠高脚碟状，
淡红、深红、紫等色，裂片圆形。

应用 用于盆栽、花坛、花境栽植等。

金苞花

别　名：黄虾花、金包银、黄金宝塔
科　属：爵床科，麒麟吐珠属
原产地：秘鲁

喜阳光充足的
环境

生长期每 15 天
施 1 次肥

18 ~ 25℃

保持盆土湿润

特征 常绿亚灌木植物。多分枝，直立，基部逐渐木质化；叶对生，长椭圆形，有明显的叶脉；花苞金黄色，苞片层叠；夏、秋季开花，顶生，小花乳白色，形似虾体，从花序基部陆续向上绽开。

应用 用于会场、厅堂及阳台装饰或花坛栽植等。

虾衣花

别　名：虾夷花、虾衣草
科　属：爵床科，麒麟吐珠属
原产地：墨西哥

喜温暖、光照充
足的环境

每 10 天施 1 次
有机液肥

18 ~ 28℃

保持土壤湿润

特征 常绿亚灌木植物。茎圆形，嫩茎节基红紫色；叶卵形，顶端有短尖；穗状花序顶生，下垂；花白色，花分上下 2 唇形，上唇全缘或稍裂，下唇浅裂；小苞片卵状披针形；花萼 5 裂片；花冠白色，外有短毛，唇形。

应用 用作花坛栽植或盆栽等。

八仙花

别　名：绣球、紫阳花、草绣球
科　属：虎耳草科，八仙花属
原产地：中国四川、日本

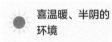 喜温暖、半阴的环境

 每15天施肥1次

 18～28℃

 保持土壤湿润

特征 多年生落叶灌木植物。小枝粗壮；叶大而稍厚，纸质或近革质，倒卵形，对生；花大型，由许多不孕花组成顶生伞房花序；花色多变，初时白色，渐转蓝色或粉红色；萼筒倒圆锥状，萼齿卵状三角形。

应用 可栽植于花境、花篱、公园或作盆栽等。

花大色艳，百花成朵、团扶如球，花瓣长圆形，花色多变；萼筒倒圆锥状，萼齿卵状三角形。

叶片稍厚，对生，叶形为倒卵形，边缘有粗锯齿，叶面为鲜绿色，叶背为黄绿色。

夹竹桃

别　名：柳叶桃、洋桃梅
科　属：夹竹桃科，夹竹桃属
原产地：印度、伊朗等

特征 常绿直立大灌木植物。高达 5 米；枝条灰绿色；叶 3 ~ 4 枚轮生，下枝为对生，窄披针形，顶端极尖；聚伞花序顶生，着花数朵；苞片披针形；花萼 5 深裂，红色，披针形；花冠深红色或粉红色。

应用 用作公园、庭院栽植或作盆栽等。

 喜温暖、光照充足的环境

 生长期每 30 天追肥 1 次

🌡 20 ~ 25℃

🔒 保持土壤湿润

鸡蛋花

别　名：蛋黄花、缅栀子
科　属：夹竹桃科，鸡蛋花属
原产地：中国、墨西哥

特征 落叶小乔木植物。枝条粗壮，肥厚多肉；叶大，长圆状倒披针形或长椭圆形；厚纸质，多聚生于枝顶；花数朵聚生于枝顶；总花梗肉质，绿色；花梗淡红色；花冠筒状，裂片阔倒卵形，5 裂，顶端圆筒状。

应用 用于庭院、草地栽植或作盆栽等。

 喜高温、阳光充足的环境

 生长季每 15 天施 1 次腐熟薄肥

🌡 20 ~ 26℃

🔒 土壤干则浇水，浇则浇透

黄蝉

别　名：黄兰蝉
科　属：夹竹桃科，黄蝉属
原产地：美国南部、巴西

特征 直立灌木植物。枝条灰白色；叶 3 ~ 5 枚轮生，全缘，椭圆形或倒卵状长圆形；聚伞花序顶生；花橙黄色；苞片披针形；花冠漏斗状，内面有红褐色条纹，下部圆筒状；花萼深 5 裂，裂片披针形。

应用 用作花坛，花境布置或盆栽观赏。

 喜高温、阳光充足的环境

 每 20 天施肥 1 次

🌡 20 ~ 25℃

🔒 保持土壤湿润

软枝黄蝉

别　名：黄莺、小黄蝉、重瓣黄婵
科　属：夹竹桃科，黄蝉属
原产地：巴西

特征 多年生常绿灌木植物。枝条软弯垂；叶纸质，通常 3 ~ 4 枚轮生，倒卵形或倒卵状披针形；端部短尖，基部楔形；聚伞花序顶生；花有短花梗；花萼裂片披针形；花冠橙黄色，花冠下部长圆筒状。

应用 用于庭园、花棚栽植或作绿篱等。

 喜温暖、阳光充足的环境

 施足基肥，花期每 35 天施 1 次肥

🌡 20 ~ 30℃

🔒 保持土壤湿润

长春花

别　名：金盏草、四时春
科　属：夹竹桃科，长春花属
原产地：地中海沿岸、印度等

特征 多年生草本植物。略有分枝；茎近方形，有条纹，叶膜质，倒卵状长圆形；聚伞花序腋生或顶生，有花 2 ~ 3 朵；花萼 5 深裂；花冠红色，高脚碟状，内面有疏柔毛，喉部紧缩；花冠裂片宽倒卵形。

应用 用于花坛栽植或作盆栽等。

☀ 喜高温、阳光充足的环境

🌿 每 10 天施肥 1 次

🌡 20 ~ 33℃

🔒 保持土壤干燥

狗牙花

别　名：白狗花、豆腐花
科　属：夹竹桃科，狗牙花属
原产地：中国南部沿海

特征 常绿灌木植物。叶对生，坚纸质，椭圆形或长椭圆形。聚伞花序腋生，通常双生，集在小枝端部呈假二歧状，有花 6 ~ 10 朵；花萼 5 裂，内面基部有腺体；花冠为白色，重瓣，边缘有皱褶。

应用 用于园林栽植或作盆栽等。

 喜温暖、半阴的环境

 花期每 7 ~ 10 天追肥 1 次

🌡 10 ~ 20℃

🔒 每 7 天浇水 1 次，保持土壤湿润

虎刺梅

别　名：铁海棠、麒麟花
科　属：大戟科，大戟属
原产地：马达加斯加

喜温暖、阳光充足的环境

15 ~ 32℃

每15天施1次肥，冬季禁肥

土壤干透时则水浇足

特征 蔓生灌木植物。茎稍攀缘性，多分枝，茎上有灰色粗刺；叶互生，通常集中于嫩枝上，倒卵形或长圆状匙形；花小，常二朵结成一簇开放，各花簇聚成二歧聚伞花序；苞叶2枚，肾圆形；总苞钟状，边缘5裂。

应用 用于公园、庭院栽植或是园林栽植等。

花生于枝上部叶腋；总苞为钟状，边缘有5裂，裂片琴形，内弯；苞叶2枚，苞片丝状。

叶片互生，大多集中在嫩枝上，叶片形状为倒卵形或长圆状匙形，全缘；托叶为钻形，极细。

飘香藤

别　名：双喜藤、红蝉花
科　属：夹竹桃科，双腺藤属
原产地：美洲热带地区

特征 多年生常绿藤本植物。叶片对生，全缘，长卵圆形，先端急尖，革质，叶面有皱褶，叶色浓绿并富有光泽；花腋生；花冠为漏斗形；花色有红色、桃红色、金红色，粉红等色，且富于变化。

应用 用于棚架、天台、庭院栽植或作盆栽等。

- ☀ 喜温暖、阳光充足的环境
- ✿ 生长盛期每 30 天追肥 1 次
- 🌡 20 ~ 31℃
- 💧 保持土壤湿润

风铃草

别　名：钟花、风铃花
科　属：桔梗科，风铃草属
原产地：欧亚大陆北部

特征 一年生、二年生或多年生草本植物。株高约 1 米，多毛；莲座叶卵形至倒卵形，叶缘圆齿状波形，粗糙；叶柄有翅；茎生叶小而无柄；总状花序，小花 1 朵或 2 朵茎生；花冠钟状，通常蓝色，基部略膨大。

应用 用于花坛、花境栽植或作盆栽等。

- ☀ 喜光照充足的环境
- ✿ 少量施肥
- 🌡 13 ~ 15℃
- 💧 土壤保持湿润或稍干燥

六倍利

别　名：翠蝶花、山梗菜
科　属：桔梗科，半边莲属
原产地：撒哈拉以南非洲

特征 多年生草本植物。叶对生，下部叶匙形，有圆齿，先端钝，上部叶倒披针形，近顶部叶宽线形而尖；总状花序顶生，小花有长柄；花冠先端 5 裂，下 3 裂片较大，形似蝴蝶展翅，花色有红、桃红、紫、白等色。

应用 可用作花坛、花境栽植等。

- ☀ 喜光照充足的环境
- ✿ 定植后每 20 天追肥 1 次
- 🌡 12 ~ 15℃
- 💧 保持土壤湿润

君子兰

别　名：剑叶石蒜、达木兰
科　属：石蒜科，君子兰属
原产地：南非

特征 多年生草本植物。基生叶质厚，叶形似剑，叶片革质，深绿色；伞形花序顶生，有数枚覆瓦状排列的苞片，每个花序有小花7～30朵；花葶自叶腋中抽出；花漏斗状，直立，黄色或橘黄色、橙红色。

应用 用于园林、庭院栽植或盆栽等。

 喜半阴的环境

 生长期前施饼肥、液肥各1次

🌡 18～28℃

 保持土壤湿润

诸葛菜

别　名：菜子花、二月蓝
科　属：十字花科，诸葛菜属
原产地：中国东北、华北等

特征 一年或二年生草本植物。株高10～50厘米；茎单一，直立；叶形变化大，基生叶和下部茎生叶大头羽状分裂，顶裂片近圆形或卵形，基部心形，有钝齿；花紫色或白色；花萼筒状，紫色；花瓣开展，有细脉纹。

应用 用于园林、花坛、地被、景点栽植等。

 喜阳光充足的环境

 每年施肥4次即可

🌡 15～25℃

 见干见湿，干透则浇水

朱槿

别　名：大红花、扶桑
科　属：锦葵科，木槿属
原产地：中国

特征 直立灌木植物。枝条灰白色；叶3～5枚轮生，全缘，椭圆形或倒卵状长圆形；聚伞花序顶生；花橙黄色；苞片披针形；花冠漏斗状，内面有红褐色条纹，下部圆筒状；花萼深5裂，裂片披针形。

应用 用作花坛、花境布置或作盆栽观赏。

 喜温暖、日光充足的环境

 每7～10天施1次稀薄液肥

🌡 20～30℃

 生长期每天浇水1次

木槿

别　名：木棉、荆条
科　属：锦葵科，木槿属
原产地：中国

特征 落叶灌木植物。小枝密被黄色星状绒毛；叶菱形至三角状卵形；叶柄上面被星状柔毛；花单生于枝端叶腋间；小苞片 6 ~ 8 枚，密被星状疏绒毛；花萼钟形，花钟形，淡紫色，花瓣为倒卵形。

应用 用作花篱、绿篱或作室内盆栽等。

☀	喜光照充足的环境，稍耐阴	✿	现蕾前、盛花期各追肥 2 次
🌡	18 ~ 25℃	💧	保持土壤湿润

木芙蓉

别　名：芙蓉花、拒霜花
科　属：锦葵科，木槿属
原产地：中国

特征 落叶灌木或小乔木植物。小枝、叶柄、花梗和花萼均密被星状毛与直毛相混的细绵毛，叶宽卵形至圆卵形或心形。花单生于枝端叶腋间，萼钟形，裂片 5 枚；花初时白色或淡红色，后变深红色，花瓣近圆形。

应用 可植于庭院、坡地、路边或作花篱、盆栽等。

☀	喜光照充足的环境	✿	春季萌动期多施肥
🌡	15 ~ 30℃	⚙	保持土壤湿润

锦葵

别　名：钱葵、棋盘花
科　属：锦葵科，锦葵属
原产地：亚洲、欧洲、北美洲

特征 二年生或多年生草本植物。分枝多；叶互生；托叶偏斜，卵形，先端渐尖；叶圆心形或肾形；花 3 ~ 11 朵簇生，无毛或疏被粗毛；萼杯状，萼裂片 5 枚，两面均被星状疏柔毛；花紫红色或白色，花瓣 5 枚，匙形。

应用 用于花坛、花境栽植或作切花等。

☀	喜光照充足的环境	✿	每 15 天施肥 1 次
🌡	18 ~ 38℃	⚙	高温季节土壤应偏干，忌湿

秋葵

别　名：黄秋葵、黄蜀葵
科　属：锦葵科，秋葵属
原产地：非洲

特征 一年生草本植物。根系发达，直根性；主茎直立，赤绿色，圆柱形，基部节间较短，有侧枝，自着花节位起不发生侧枝；叶掌状5裂，互生，叶身有茸毛或刚毛，叶柄细长，中空；花大而黄，着生于叶腋。

应用 用作花坛栽植或作盆栽等。

 喜温暖、光照充足的环境

生长期每15天施肥1次

25～28℃

每7～10天浇1次水

三月花葵

别　名：裂叶花葵
科　属：锦葵科，花葵属
原产地：地中海沿岸

特征 一年生草本植物。少分枝，被短柔毛；叶肾形，上部卵形；叶柄长3～7厘米，被长柔毛；托叶卵形；花紫色，单生于叶腋间；萼杯状，裂片三角状卵形，密被星状柔毛；花瓣5枚，倒卵圆形，先端圆形。

应用 用于花坛、花境栽植或作盆栽等。

 喜阳光充足的环境

 生长期每15天施肥1次

18～26℃

保持土壤湿润

芙蓉葵

别　名：草芙蓉
科　属：锦葵科，木槿属
原产地：美国东部

特征 多年生草本植物。植物呈亚灌木状，粗壮，丛生，斜出，光滑被白粉；单叶互生，叶背及柄生灰色星状毛，叶形多变，叶基部圆形，边缘有梳齿；花大，单生于叶腋，花色玫瑰红或白色；花萼宿存。

应用 用于布置花坛、绿地、花境等。

 喜温暖、光照充足的环境

 生长期补充磷、钾肥

25～28℃

保持土壤湿润

万寿菊

别　名：臭芙蓉、金菊花
科　属：菊科，万寿菊属
原产地：墨西哥和中国

 喜高温、光照充足的环境

 每30天施1次腐熟液肥

 15 ~ 25℃

 保持土壤湿润

特征 一年生草本植物。茎直立，粗壮，有纵细条棱，分枝向上平展；叶羽状分裂，裂片长椭圆形或披针形；头状花序，单生，花序梗顶端棍棒状膨大；总苞杯状，顶端有齿尖；舌状花黄色或暗橙色。

应用 用作花坛、花境栽植或作切花等。

白晶菊

别　名：晶晶菊、小白菊
科　属：菊科，茼蒿属
原产地：北非、西班牙

 喜凉爽、阳光充足的环境

 生长期每20天施1次肥

 15 ~ 25℃

 保持土壤湿润

特征 多年生草本植物。叶基部簇生，匙形；头状花序单生，盘状，边缘舌状花银白色，中央筒状花金黄色，色彩分明、鲜艳，有白、粉、红等色；开花期早春至春末，花期极长。花后结瘦果。

应用 用于花坛种植或作盆栽等。

向日葵

别　名：葵花、太阳花
科　属：菊科，向日葵属
原产地：北美洲

喜温暖、光照充足的环境	施足基肥，用好种肥，配合微肥
18 ~ 25℃	浅浇、快浇

特征　一年生草本植物。茎直立；广卵形的叶片通常互生，先端锐突或渐尖，边缘有粗锯齿；头状花序，单生于茎顶或枝端；花序边缘生中性的黄色舌状花，不结实；花序中部为两性管状花，棕色或紫色，能结实。

应用　用于园林栽植、盆栽或作切花等。

翠菊

别　名：江西腊、蓝菊
科　属：菊科，翠菊属
原产地：中国

喜温暖、阳光充足的环境	生长期每10天施肥1次
15 ~ 25℃	保持土壤湿润

特征　一年生或二年生草本植物。茎直立，单生，下部茎叶花期脱落或生存；中部茎叶卵形、菱状卵形或匙形或近圆形；头状花序单生于茎枝顶端，有长花序梗；总苞半球形，总苞片3层，近等长，外层长椭圆状披针形或匙形。

应用　用于花坛、花境、阳台栽植或作盆栽等。

菊花

别　名：黄华、秋菊
科　属：菊科，菊属
原产地：中国

| | 喜温暖、光照充足的环境 | | 每10天施1次肥 |
| 18 ~ 21℃ | | | 土壤不干不浇，浇则浇透 |

特征 多年生草本植物。茎直立，被柔毛；叶互生，有短柄，叶片卵形至披针形；头状花序单生或数个集生于茎枝顶端；花色有红、黄、白、橙、粉红等各色；头状花序多变化，形状有单瓣、平瓣、匙瓣等类型。

应用 用于园林、绿地、花坛栽植或作盆栽、切花等。

头状花序，因品种不同而有单瓣、平瓣、匙瓣等多种类型；总苞片多层；舌状花白色、紫色等。

单叶互生，卵形至披针形，羽状浅裂或半裂，基部为楔形，叶边缘有粗大锯齿或深裂。

非洲菊

别　名：扶郎花、波斯花
科　属：菊科，大丁草属
原产地：南非

特征 多年生草本植物。根状茎短，为残存的叶柄所围裹；多数叶为基生，莲座状，叶片长椭圆形至长圆形；顶生花序，花朵硕大，花色分别有红、白、黄、橙、紫等色；花葶多为单生，无苞叶；总苞钟形。

应用 用作盆栽或作切花等。

 喜光照充足的环境，忌炎热

以氮肥为主，适当增施磷、钾肥

15 ~ 25℃

土壤不干不浇，浇则浇透

非洲万寿菊

别　名：万寿灯、蜂窝菊
科　属：菊科，万寿菊属
原产地：墨西哥

特征 多年生宿根草本植物。常作一年生栽培；叶片基生，叶柄长，叶片长圆状匙形，羽状浅裂或深裂；头状花序单生，总苞盘状，钟形；舌状花瓣 1 ~ 2 瓣或多轮呈重瓣状，花色有大红、橙红、淡红、黄等色。

应用 可用于公园、居住区、路旁栽植等。

 喜温暖、光照充足的环境

 生长季每 15 天施 1 次肥

15 ~ 20℃

土壤以稍干燥为宜

大丽花

别　名：大理花、东洋菊
科　属：菊科，大丽花属
原产地：墨西哥热带高原

特征 多年生草本植物。有巨大棒状块根；茎直立，多分枝。叶 1 ~ 3 回羽状全裂，裂片卵形或长圆状卵形；头状花序大，有长花序梗，总苞片外层约 5 片，卵状椭圆形；舌状花 1 层，白色、红色或紫色，常为卵形。

应用 用于花坛、花境和庭前丛植或盆栽等。

 喜温暖、半阴的环境

 生长期补充磷、钾肥

15 ~ 25℃

见干见湿，土壤干则浇水

大花金鸡菊

别　名：剑叶波斯菊
科　属：菊科，金鸡菊属
原产地：美洲

（特征）多年生草本植物。茎直立，上部有分枝；
叶对生，基部叶有长柄、披针形或匙形，
下部叶羽状全裂；头状花序单生于枝端；
总苞片外层较短，披针形；内层卵形或卵
状披针形；舌状花6～10朵，黄色。

（应用）用于花境、坡地、庭院、花园栽植或作切花。

| ☀ 喜光照充足的环境 | ❀ 生长期追施2～3次氮肥 |
| 🌡 -6～35℃ | 💧 保持土壤湿润 |

雏菊

别　名：春菊、马兰头花
科　属：菊科，雏菊属
原产地：欧洲和地中海区域

（特征）多年生草本植物。叶基生，草质，匙形，
顶端圆钝，基部渐狭成柄，上半部边缘有
疏钝齿或波状齿；头状花序单生；总苞半
球形或宽钟形；总苞片近2层，长椭圆形，
顶端钝，外面被柔毛。

（应用）用作庭院、花坛栽植等。

| ☀ 喜冷凉、光照充足的环境 | ❀ 每7～10天追1次肥 |
| 🌡 22～25℃ | 💧 保持土壤湿润 |

瓜叶菊

别　名：富贵菊、黄瓜花
科　属：菊科，千里光属
原产地：加那利群岛

（特征）多年生草本植物。分为高生种和矮生种，
全株被微毛；叶片大，形如瓜叶，绿色光亮；
花顶生，头状花序多数聚合成伞房花序，
密集覆盖于枝顶，常呈锅底形；花色除黄
色外，其他颜色均有，还有红白相间的复色。

（应用）用于公园、庭院栽植或作切花等。

| ☀ 喜温暖、光照充足的环境 | ❀ 生长期每7～10天施1次淡饼肥 |
| 🌡 15～20℃ | 💧 保持土壤湿润 |

玛格丽特花

别　名: 少女花、木春菊
科　属: 菊科，木茼蒿属
原产地: 北非加那利群岛

 喜凉爽、湿润的环境

 生长期追施2～3次氮肥

 15～22℃

 保持土壤偏干

特征 灌木植物。高达1米；枝条大部分木质化；叶宽卵形、椭圆形或长椭圆形，叶柄有狭翼；头状花序多数，在枝端排成不规则的伞房花序；全部苞片边缘白色宽膜质，内层总苞片顶端膜质扩大几成附片状。

应用 用于庭院、花坛、公园栽植或作盆栽等。

花序为头状花序，成不规则的伞房花序，有长花梗；全部苞片边缘为白色，宽膜质；舌状花，舌片长8～15毫米。

叶为宽卵形、椭圆形等，二回羽状分裂。一回为深裂或几全裂；二回为浅裂或半裂，裂片线形或披针形。

罗马甘菊

别　名：黄春菊
科　属：菊科，春黄菊属
原产地：中欧、北美等地

 喜温暖、阳光充足的环境

 每 2 ~ 3 个月施肥 1 次

 18 ~ 25℃

 保持土壤湿润

特征　多年生芳香植物。株高 50 厘米左右，多分枝，茎上有柔毛，茎节处易生不定根；叶片二回羽状深裂；头状花序从长分枝顶端长出，单生，黄色，各个部分散发着浓郁的苹果芳香。

应用　用作花坛、花境栽植和盆栽等。

金盏花

别　名：金盏菊、常春花
科　属：菊科，金盏菊属
原产地：欧洲

 喜阳光充足的环境

 生长期每 15 天施肥 1 次

 7 ~ 20℃

 保持土壤湿润

特征　一年生草本植物。通常自茎基部分枝；基生叶长圆状倒卵形或匙形；茎生叶长圆状披针形或长圆状倒卵形；头状花序单生茎枝端，总苞片 1 ~ 2 层，小花黄或橙黄色；管状花檐部有三角状披针形裂片，淡黄色或淡褐色。

应用　用于花园、花坛栽植和盆栽等。

手参

别　名：掌参、阴阳参
科　属：兰科，手参属
原产地：中国、日本等

 喜半阴的环境

生长期每15天施肥1次

5 ~ 15℃

见干见湿，土壤干则浇水

特征 地生草本植物。植株可达60厘米；叶片线状披针形、狭长圆形或带形；总状花序，密生的花，花苞片披针形；花瓣直立，粉红色，罕为粉白色；花粉团卵球形；中萼片宽椭圆形或宽卵状椭圆形。

应用 用于坡地栽植或作盆栽、药材栽植等。

碧玉兰

别　名：金碧玉、绿碧玉
科　属：兰科，兰属
原产地：中国

 喜温暖、半阴的环境

 每7天喷施1次复合肥液

 15 ~ 30℃

 见干见湿，土壤干则浇水

特征 附生植物。假鳞茎狭椭圆形，包藏于叶基内；叶片5 ~ 7枚，带形；花葶从假鳞茎基部穿鞘而出；总状花序，一般有花10 ~ 20朵；萼片和花瓣苹果绿色或黄绿色，有红褐色纵脉；花瓣狭倒卵状长圆形。

应用 用于庭院栽植或盆栽等。

波斯菊

别　名：秋英、大波斯菊
科　属：菊科，秋英属
原产地：墨西哥

 喜温暖、光照充
足的环境

 如施过基肥，生
长期则不需追肥

 20 ~ 25℃

 保持土壤稍湿润
即可

特征 一年生或多年生草本植物。茎无毛或稍被
柔毛；叶 2 次羽状深裂，裂片线形或丝状
线形；头状花序单生；总苞片外层披针形
或线状披针形，近革质，淡绿色，有深紫
色条纹；舌状花紫红色，粉红色或白色。

应用 用于花境、花篱、花丛、庭院栽植或作切
花等。

荷兰菊

别　名：柳叶菊、纽约紫菀
科　属：菊科，紫菀属
原产地：北美

 喜阳光充足的
环境

 生长期每 15 天
施 1 次稀薄肥

 10 ~ 20℃

 保持土壤湿润

特征 多年生草本植物。株高 50 ~ 100 厘米；
须根较多，茎丛生而且分枝较多；叶呈线
状披针形，光滑，幼嫩时微呈紫色；在枝
顶形成伞状花序，花色为蓝、紫或玫红、
白等色，花期为 8 ~ 10 月。

应用 用于花坛、花境栽植或作盆栽、切花等。

天人菊

别　名：虎皮菊、老虎皮菊
科　属：菊科，天人菊属
原产地：北美

喜阳光充足的环境，耐半阴

薄肥勤施，量少次多

18 ~ 25℃

见干见湿，土壤干则浇水

特征 一年生草本植物。全株被柔毛，株高20 ~ 60厘米；叶互生，披针形、矩圆形至匙形，全缘或基部叶羽裂；舌状花先端为黄色，基部褐紫色；头状花序，1朵花就是1束花；花期夏、秋季。

应用 用于花坛、花丛栽植等。

孔雀草

别　名：红黄草、臭菊花
科　属：菊科，万寿菊属
原产地：墨西哥

喜光照充足的环境

每7 ~ 10天施肥1次

18 ~ 25℃

保持土壤湿润或稍干燥即可

特征 一年生草本植物。茎直立，通常近基部分枝，分枝斜开展。叶羽状分裂，裂片线状披针形；头状花序单生；总苞长椭圆形，上端有锐齿，有腺点；舌状花金黄色或橙色，带有红色斑；管状花花冠黄色。

应用 用于庭院、花坛栽植或盆栽等。

勋章菊

别　名：勋章花、非洲太阳花
科　属：菊科，勋章菊属
原产地：南非、莫桑比克

(特征) 多年生宿根草本植物。叶由根际丛生，叶片披针形或倒卵状披针形，全缘或有浅羽裂，叶背密被白毛；头状花序；舌状花为白、黄、橙红等色，花形奇特，花心有深色眼斑，形似勋章。

(应用) 用于花坛、花境栽植或作切花等。

 喜温暖、光照充足的环境　　 生长期每15天施肥1次

🌡 10～30℃　　🪣 保持土壤湿润

藿香蓟

别　名：胜红蓟、一枝香
科　属：菊科，藿香蓟属
原产地：墨西哥

(特征) 一年生草本植物。茎披散，节间生根，被白色柔毛；叶对生，叶片卵形；上面沿脉处及叶下面的毛稍多；头状花序4～18朵，在茎顶排成伞房状花序；总苞钟状或半球形，总苞片长圆形或披针状长圆形。

(应用) 用于庭院、花坛栽植或作盆栽等。

☀ 喜温暖、光照充足的环境　　生长期每15天施肥1次

🌡 10～15℃　　🪣 每3～5天浇1次水

松果菊

别　名：紫锥花、紫锥菊
科　属：菊科，松果菊属
原产地：北美洲中部和东部

(特征) 多年生草本植物。株高50～150厘米，全株有粗毛，茎直立；基生叶卵形或三角形，茎生叶卵状披针形，叶柄基部稍抱茎；头状花序单生于枝顶，或数多聚生，舌状花紫红色，管状花橙黄色。

(应用) 用于花境、坡地栽植或作切花。

 喜温暖、光照充足的环境　　 生长期每15天施肥1次

🌡 20～22℃　　🪣 保持土壤湿润

硫华菊

别　名： 黄秋英、黄花波斯菊
科　属： 菊科，秋英属
原产地： 墨西哥

特征 一年生草本植物。多分枝；叶为对生的二回羽状复叶，深裂，裂片呈披针形，有短尖，叶缘粗糙；花为舌状花，有单瓣和重瓣两种，颜色多为黄色、金黄色、橙色、红色；瘦果棕褐色，坚硬，粗糙有毛。

应用 用于庭院、花坛栽植或作盆栽等。

 喜阳光充足的环境　　 生长期每15天施肥1次

20 ~ 24℃　　保持土壤湿润

矢车菊

别　名： 荔枝菊、翠兰
科　属： 菊科，矢车菊属
原产地： 欧洲

特征 一年生或二年生草本植物。高可达70厘米；直立，分枝，茎枝灰白色；基生叶及下部茎叶长椭圆状倒披针形或披针形；顶端排成伞房花序或圆锥花序；总苞椭圆状，盘花，花色为蓝、白、红或紫色。

应用 用于花坛、花境栽植或作切花等。

 喜凉爽、阳光充足的环境　　 每10 ~ 15天施肥1次

 18 ~ 30℃　　保持土壤湿润

麦秆菊

别　名： 蜡菊、贝细工
科　属： 菊科，蜡菊属
原产地： 澳大利亚

特征 一年生草本植物。茎直立，多分枝，全株有微毛；叶互生，长椭圆状披针形；头状花序生于主枝或侧枝的顶端；总苞苞片多层，呈覆瓦状，外层椭圆形呈膜质，形似花瓣，有白、粉、橙、红、黄等色。

应用 用于布置花坛、绿地、花境等。

 喜温暖、阳光充足的环境　　 生长期每15天施1次肥

15 ~ 25℃　　保持土壤湿润

百日菊

别　名：步步高、火球花
科　属：菊科，百日菊属
原产地：墨西哥

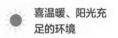 喜温暖、阳光充足的环境

 生长期每10天施1次肥

 15～30℃

 保持土壤稍干燥

特征 一年生草本植物。茎直立，被糙毛或长硬毛；叶宽卵圆形或长圆状椭圆形，基部稍心形抱茎；头状花序，单生枝端；总苞片多层，宽卵形或卵状椭圆形；舌状花深红色、玫瑰色、紫堇色或白色，舌片倒卵圆形。

应用 用于花坛、花境栽植或作切花等。

　　头状花序，单生，总苞片宽卵形或卵状椭圆形；舌状花深红色、玫瑰色等，管状花黄色或橙色，先端裂片卵状披针形。

　　叶片形状为宽卵圆形或长圆状椭圆形，长5～10厘米，宽2.5～5厘米，基部稍心形抱茎，下面被有浓密的短糙毛。

夜来香

别　名：夜香花、夜丁香
科　属：萝藦科，夜来香属
原产地：中国华南地区

特征 多年生藤状缠绕草本植物。小枝柔弱，有毛；叶对生，叶片宽卵形、心形至矩圆状卵形，先端短渐尖，基部深心形；伞形状聚伞花序腋生，有花多至 30 朵；花冠裂片，矩圆形，黄绿色，有清香。

应用 用于庭院、窗前栽植或作盆栽等。

 喜温暖、阳光充足的环境

 生长期每 10 ~ 15 天施 1 次液肥

🌡 20 ~ 30℃

保持土壤湿润

球兰

别　名：狗舌藤、铁脚板
科　属：萝藦科，球兰属
原产地：中国云南、广东、广西等地

特征 攀缘灌木植物。茎节上生气根；叶对生，肉质，卵圆形至卵圆状长圆形，顶端钝，基部则为圆形；聚伞花序伞形状，腋生，着花约 30 朵；花白色；花冠辐状，花冠筒短，裂片外面无毛，内面多乳头状突起。

应用 用于花坛、花境栽植或盆栽等。

 喜温暖、半阴的环境

每 15 天施 1 次有机肥液

🌡 20 ~ 25℃

见干见湿，土壤干则浇水

心叶球兰

别　名：腊兰、腊泉花
科　属：萝藦科，球兰属
原产地：泰国、老挝

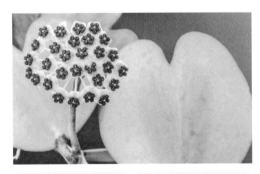

特征 亚灌木植物。茎枝攀爬达 2 米，黄灰色；叶片呈卵形至长卵形，干时薄革质，近轴无毛，远轴中脉饱满，基部近心形；腋生伞状花序，半球状，花开 30 ~ 50 朵；花冠白色，辐状，饱满；裂片为钝三角形。

应用 用于园林栽植或作盆栽等。

 喜温暖、向阳的环境

 每 30 天施 1 次腐熟的有机液肥

🌡 18 ~ 28℃

土壤不干不浇水，浇则浇透

头蕊兰

别　名：长叶头蕊兰
科　属：兰科，头蕊兰属
原产地：不详

 喜半阴的环境　　 生长期每10天喷施1次叶面肥

🌡 15～30℃　　🔒 见干见湿，土壤干则浇水

（特征）地生草本植物。叶片披针形、宽披针形或长圆状披针形；总状花序，有2～13朵花；花白色，稍开放或不开放；萼片狭菱状椭圆形或狭椭圆状披针形；花瓣近倒卵形，先端急尖或具短尖。

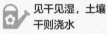 用于庭院栽植、盆栽或作切花等。

鹤顶兰

别　名：大白芨、鹤兰
科　属：兰科，鹤顶兰属
原产地：中国台湾、广东、香港等

 喜温暖、湿润的环境，怕强光　　 生长期每15天施1次稀薄肥

🌡 18～25℃　　 保持土壤湿润

（特征）植物体高大。假鳞茎圆锥形；叶片2～6枚，互生于假鳞茎的上部，长圆状披针形；总状花序有多数花；花葶从假鳞茎基部或叶腋发出，圆柱形；花大，花瓣长圆形，背面白色，内面暗赭色或棕色。

（应用）用于花坛栽植或作盆栽等。

秋石斛

别　名：蝴蝶石斛
科　属：兰科，石斛兰属
原产地：亚洲热带和亚热带等

 喜高温、阳光充足的环境　　 每7～8天施肥1次

🌡 25～35℃　　🔒 保持土壤湿润

（特征）常绿附生草本植物。假球茎呈圆筒形，丛生，呈肉质实心，基部由灰色或褐色叶鞘包被，上部的茎节处着生数对船形叶片；花茎则由顶部叶腋抽出，每茎可着花4～18朵，花色繁多；上萼片叶椭圆形，先端钝。

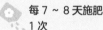 用于庭院栽植或作盆栽等。

天竺葵

别　名：洋绣球、石腊红
科　属：牻牛儿苗科，天竺葵属
原产地：非洲南部

 喜阳光充足的环境

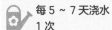 生长期每 30 天施肥 1 次

15 ~ 20℃

每 5 ~ 7 天浇水 1 次

特征 多年生草本植物。全株被细毛和腺毛；茎肉质；叶互生，圆形或肾形，通常叶缘内有马蹄纹；伞形花序顶生，总梗长，被短柔毛；花有白、粉、肉红、淡红、大红等色，有单瓣、重瓣之分。

应用 用于花坛栽植或盆栽等。

伞形花序，花多，花瓣红色、白色等，宽倒卵形；总苞片数枚，宽卵形；萼片狭披针形。

叶片互生，圆形或肾形，茎部心形，边缘波状浅裂，有圆形齿，两面被有透明短柔毛。

倒挂金钟

别　名：灯笼花、吊钟花
科　属：柳叶菜科，倒挂金钟属
原产地：墨西哥

 喜湿润的环境，怕强光
 生长期薄肥勤施
 10 ~ 28℃
保持土壤湿润

特征 多年生半灌木植物。茎直立，多分枝；叶对生，卵形或狭卵形；花两性，单一，稀成对生于茎枝顶叶腋，下垂；花瓣色多变，紫红色、红色等；花管红色，筒状；萼片4枚，红色，长圆状或三角状披针形。

应用 用于客室、花架作盆栽或清水插瓶。

山桃草

别　名：千岛花、玉蝶花
科　属：柳叶菜科，山桃草属
原产地：美国

 喜凉爽、阳光充足的环境
 生长期薄肥勤施
 15 ~ 25℃
保持土壤湿润

特征 多年生宿根草本植物。全株被长软毛，茎直立；叶片卵状披针形，基部渐狭成短柄，边缘有细齿或呈波状；花序长穗状，花形似桃花，倒卵形或椭圆形；花蕾白色略带粉红，初花白色，谢花时浅粉红色。

应用 用于花坛、花境、地被、草坪栽植或做盆栽和插花等。

柳兰

别　名：铁筷子、火烧兰
科　属：柳叶菜科，柳兰属
原产地：中国黑龙江、吉林、内蒙古等

 喜光照充足的环境

 生长期追施薄肥1~2次

 15~20℃

每10~15天浇水1次

特征 多年生草本植物。直立，丛生；叶螺旋状互生，线状披针形或狭披针形；花序总状，直立；花蕾倒卵状；萼片紫红色，长圆状披针形，先端渐狭渐尖，被有灰白柔毛；粉红至紫红色，稀白色，稍不等大。

应用 用于花坛、花境栽植或作插花等。

月见草

别　名：待霄草、野芝麻
科　属：柳叶菜科，月见草属
原产地：北美

 喜温暖、光照充足的环境

 生长期每15天施1次液肥

 18~25℃

 土壤干则浇水

特征 二年生草本植物。基生莲座叶丛紧贴地面，基生叶倒披针形，茎生叶椭圆形至倒披针形；花序穗状，不分枝；花蕾锥状长圆形，花管黄绿色或开花时带红色；萼片绿色，有时带红色，长圆状披针形。

应用 用于花境栽植和插花等。

报春石斛

别　名：苦草石斛
科　属：兰科，石斛属
原产地：中国

 喜温暖、半阴的
环境

 生长期每 7 ~ 10
天施 1 次饼肥水

15 ~ 28℃

生长旺盛期每天
浇水 1 次

特征 多年生草本植物。茎圆柱形；叶纸质，2 列，
披针形或卵状披针形，基部有纸质或膜质
的叶鞘；总状花序有 1 ~ 3 朵花；花开展，
萼片和花瓣淡玫瑰色；花瓣狭长圆形，唇
瓣淡黄色，宽倒卵形。

应用 用于盆栽或作切花等。

蝴蝶兰

别　名：台湾蝴蝶兰
科　属：兰科，蝴蝶兰属
原产地：亚热带雨林地区

 喜温暖、半阴的
环境

 勤施薄肥

 15 ~ 20℃

 见干见湿，土壤
干则浇水

特征 多年生草本植物。茎较短，常被叶鞘所包；
叶片稍肉质，椭圆形、长圆形等；花序侧
生于茎的基部，花序柄绿色；花序轴紫绿
色，常有数朵由基部向顶端逐朵开放的花；
花苞片卵状三角形；花白色。

应用 用于花坛栽植或作盆栽等。

红花石斛

别　名：红石斛
科　属：兰科，石斛属
原产地：中国台湾和菲律宾

 喜温暖、半阴的
环境

 生长期每 7 ~ 10
天施 1 次肥

 15 ~ 28℃

生长旺盛期每天
浇水 1 次

特征 多年生草本植物。茎直立或悬垂，圆柱形
或稍呈纺锤形，不分枝；叶薄革质，披针
形或卵状披针形；总状花序，呈簇生状，
密生花 6 ~ 10 朵；花苞片卵状披针形；
花为鲜红色，花瓣斜倒卵状长圆形。

应用 用于园林栽植或作盆栽、切花等。

报春兜兰

别　名：无
科　属：兰科，兜兰属
原产地：印度尼西亚

 喜温暖、半阴的
环境

 每 10 ~ 20 天
施 1 次肥

 15 ~ 25℃

 保持土壤湿润

特征 地生或半附生植物植物。根状茎稍肉质；
叶基生，叶片两面绿色，背面有时淡紫红
色；花葶从叶丛中长出，花大而艳丽，花
瓣向两侧伸展或下垂；萼片中间淡绿色，
边缘黄色，花瓣黄色；唇瓣兜状，黄色。

应用 用于花园栽植或作盆栽等。

大花蕙兰

别　名：喜姆比兰、蝉兰
科　属：兰科，兰属
原产地：亚洲热带和亚热带高原

特征 常绿多年生附生草本植物。假鳞茎粗壮；叶片2列，长披针形；花序较长，小花数一般大于10朵；花被片6枚，外轮3枚为萼片，花瓣状；花大型，花色有白、黄、绿、紫红，或带有紫褐色斑纹。

应用 用于庭院栽植或作盆栽等。

 喜光照充足的环境

 生长期每7～10天施1次饼肥水

🌡 10～25℃

保持土壤湿润

虾脊兰

别　名：海老根
科　属：兰科，虾脊兰属
原产地：中国、日本

特征 多年生草本植物。假鳞茎粗短。叶近基生，通常3枚，倒披针状狭长椭圆形，锐尖或钝而有短尖，基部抱茎；总状花序，有花10朵左右；花被片淡褐色，开展，披针形；唇瓣淡紫色至红紫色或为白色，扇形。

应用 用于庭院栽植或作盆栽、切花等。

喜温暖、阳光充足的环境

生长期每30天施肥1次

🌡 15～25℃

保持土壤湿润

风兰

别　名：仙草、富贵兰
科　属：兰科，风兰属
原产地：中国、日本等

特征 多年生草本植物。植株高8～10厘米。叶厚革质，狭长圆状镰刀形；总状花序，有2～5朵花；花白色；花苞片卵状披针形，先端渐尖；中萼片近倒卵形；花瓣倒披针形或近匙形，先端钝；唇瓣3裂。

应用 用于庭院栽植或作盆栽等。

 喜半阴的环境

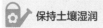 生长期每10天喷施1次叶面肥

🌡 15～30℃

保持土壤湿润

玫瑰

别　名：徘徊花、刺玫花
科　属：蔷薇科，蔷薇属
原产地：中国

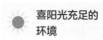 喜阳光充足的环境

 每15天追肥1次

12 ~ 28℃

 保持土壤湿润

特征　落叶灌木植物。枝杆多针刺；奇数羽状复叶，小叶 5 ~ 9 枚，椭圆形或椭圆状倒卵形，有边刺；花单生于叶腋，或数朵簇生；萼片卵状披针形，常有羽状裂片而扩展成叶状；花瓣倒卵形，重瓣至半重瓣，芳香，紫红色至白色。

应用　用于庭院、花坛、花境栽植等。

花单生或簇生，花瓣为倒卵形，紫红色至白色；苞片卵形；萼片为卵状披针形，先端尾状渐尖。

小叶椭圆形或椭圆状倒卵形，先端急尖或圆钝，基部为圆形或宽楔形，边缘有锯齿。

夜合花

别　名：夜香木兰、江心雪
科　属：木兰科，木兰属
原产地：中国南部及越南

 喜温暖、光照充足的环境　　 生长期每15天施1次腐熟饼肥

 22～25℃　　保持土壤湿润

（特征）常绿灌木或小乔木植物。全株各部无毛，树皮灰色；叶革质，椭圆形，狭椭圆形或倒卵状椭圆形；花梗向下弯垂，有3～4枚苞片脱落痕；花圆球形，花被片9枚，肉质，倒卵形，外面的3枚带绿色。

（应用）用于庭院、道旁栽植或作盆栽等。

荷花玉兰

别　名：广玉兰、木莲花
科　属：木兰科，木兰属
原产地：北美洲东南部

 喜温暖、光照充足的环境　　 薄肥勤施

 20～30℃　　保持土壤湿润或稍干燥

（特征）常绿乔木植物。树形高大，树皮淡褐色或灰色，薄鳞片状开裂；叶厚革质，椭圆形，长圆状椭圆形或倒卵状椭圆形，叶面深绿色，有光泽；叶柄有深沟；花白色，形似荷花；花被片9～12枚，倒卵形。

（应用）用于公园、庭院、路旁栽植等。

紫玉兰

别　名：木兰、辛夷
科　属：木兰科，木兰属
原产地：中国云南、福建等

 喜阳光充足的环境　　 花期每10天施1次复合肥

 20～25℃　　 保持土壤湿润

（特征）落叶灌木植物。高达3米，常丛生；叶椭圆状倒卵形或倒卵形；花蕾卵圆形，被淡黄色绢毛；花叶同时开放，瓶形，直立于粗壮、被毛的花梗上；花被片9～12枚，外轮3枚萼片状，紫绿色，披针形。

（应用）用于庭院、道旁栽植等。

紫叶李

别　名：红叶李、樱桃李
科　属：蔷薇科，李属
原产地：亚洲西南部

特征 灌木或小乔木植物。多分枝，枝条细长，开展；叶片椭圆形、卵形或倒卵形，较少为椭圆状披针形；花1朵，稀2朵；萼筒钟状，萼片长卵形，先端圆钝；花瓣白色，长圆形或匙形，边缘波状，基部为楔形。

应用 用于庭院、花坛、花境栽植等。

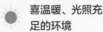 喜温暖、光照充足的环境　　 每年秋末施1次肥

 15 ~ 25℃　　 保持土壤湿润

束花石斛

别　名：金兰
科　属：兰科，石斛属
原产地：亚洲热带和亚热带

特征 草本植物。茎粗厚，肉质，下垂或弯垂，圆柱形，不分枝，有多节；叶2列，互生于整个茎上，纸质，长圆状披针形；伞状花序近无花序柄，每2 ~ 6朵花为1束，侧生于茎上部；花黄色，质地厚。

应用 用于庭院、园林栽植或作盆栽和切花等。

 喜温暖、半日照的环境　　 每7 ~ 10天施1次叶面肥

 15 ~ 28℃　　 生长旺盛期每天浇水1次

大苞鞘石斛

别　名：腾冲石斛
科　属：兰科，石斛属
原产地：中国云南

特征 多年生草本植物。茎斜立或下垂，肉质状肥厚，圆柱形不分枝，有多节，节间多少肿胀呈棒状；叶薄革质，2列，狭长圆形；总状花序从落了叶的老茎中部以上部分发出，有花1 ~ 3朵。

应用 用于庭院、园林栽植或作盆栽和切花等。

 喜温暖、半阴的环境　　 每7 ~ 10天施1次叶面肥

 15 ~ 28℃　　 生长旺盛期每天浇水1次

木棉

别　名：红棉树、英雄树
科　属：木棉科，木棉属
原产地：印度

 喜温暖、阳光充足的环境

 薄肥勤施，重氮肥

 20 ~ 30℃

 保持土壤湿润或稍干燥

特征 落叶大乔木植物。分枝平展；掌状复叶，小叶 5 ~ 7 枚，长圆形至长圆状披针形；花单生枝顶叶腋，红色或橙红色；花萼杯状，内面密被淡黄色短绢毛，萼齿 3 ~ 5 枚，半圆形，花瓣肉质，倒卵状长圆形。

应用 用于道路旁、庭院、园林栽植等。

美丽异木棉

别　名：美人树、丝木绵
科　属：木棉科，吉贝属
原产地：南美洲

 喜高温、光照充足的环境

 每 30 天施 1 次有机肥、复合肥

 20 ~ 30℃

 保持土壤湿润

特征 落叶大乔木植物。树干绿色，侧枝呈斜水平状向上开展；叶互生，掌状复叶，小叶 5 ~ 7 枚，椭圆形或倒卵形，叶缘有锯齿；花顶生，总状花序，花冠淡粉红色，裂片 5 枚，近中心处白色带紫褐色。

应用 用于庭院、公园或道旁栽植等。

玉兰

别　名：白玉兰、玉兰花
科　属：木兰科，木兰属
原产地：中国长江流域

 喜光照充足的
环境

 每 10 天施 1 次
腐熟饼肥水

 20 ~ 25℃

 生长期每 30 天
浇 1 次水

特征 落叶乔木植物。高达 25 米；枝广展形成
宽阔的树冠；叶纸质，倒卵形、宽倒卵形
等；叶柄被柔毛；花蕾卵圆形，花先叶开
放，直立；花梗密被淡黄色长绢毛；花被
片 9 枚，白色，基部常带粉红色。

应用 用于公园、花园、庭院栽植等。

鹅掌楸

别　名：双飘树、马褂木
科　属：木兰科，鹅掌楸属
原产地：中国

 喜光照充足的
环境

 施足基肥，生
长期增施氮肥

 15 ~ 25℃

 保持土壤湿润

特征 乔木植物。干直挺拔，高达 40 米；叶马
褂状，近基部每边有 1 侧裂片，先端有 2
浅裂，下面苍白色；花杯状，花被片 9 枚，
外轮 3 枚萼状，向外弯垂，花瓣状，倒卵形，
绿色，有黄色纵条纹。

应用 用于道旁、庭院栽植等。

金钩吻

别　名：黄花茉莉
科　属：马钱科，钩吻属
原产地：美国南部至中美洲

 喜光照充足的环境

 薄肥勤施

 18～28℃

 见干见湿，土壤干则浇水

（特征）常绿木质藤本植物。嫩茎绿色，成熟茎红褐色；叶对生，全缘，羽状脉，有短柄；叶柄间有一连结托叶线或托叶退化；花顶生或腋生；花萼5深裂；花冠漏斗状，裂片5枚，蕾期覆瓦状，有芳香；全株有毒。

（应用）用于庭院栽植或作盆栽。

大花马齿苋

别　名：洋马齿苋、半支莲
科　属：马齿苋科，马齿苋属
原产地：南美、巴西等

 喜温暖、阳光充足的环境

每15天施肥1次

 21～24℃

 保持土壤湿润

（特征）一年生或多年生肉质草本植物。茎细而圆，茎叶肉质，平卧或斜生；叶散生或略集生，圆柱形；花单生或数朵簇生于枝顶，有重瓣也有单瓣，基部有叶状苞片，花瓣颜色鲜艳，有白、黄、红、紫等色。

（应用）用于道旁栽植或作盆栽等。

美女樱

别　名：四季绣球、美人樱
科　属：马鞭草科，马鞭草属
原产地：巴西、秘鲁、乌拉圭等地

 喜温暖、光照充足的环境

 生长期每15天施1次稀肥

 5～25℃

保持土壤湿润

（特征）多年生草本植物。全株有细绒毛，植株丛生而铺覆在地面，植株高10～50厘米，茎4棱；叶对生，深绿色；穗状花序顶生，密集呈伞房状，花小而密集，有白、粉、红、复等色，有芳香。

（应用）用于花坛、花境、道旁栽植或作盆栽等。

细叶美女樱

别　名：羽叶马鞭草
科　属：马鞭草科，马鞭草属
原产地：巴西、秘鲁等地

特征 多年生草本花卉。株高 20 ~ 30 厘米；茎
基部稍木质化，节部生根；枝条细长 4 棱，
微生毛；叶对生，3 深裂，每个裂片再次
羽状分裂，小裂片呈条状，顶端尖；穗状
花序顶生，花冠玫瑰紫色。

应用 用于花坛、园林、路边栽植或作盆栽等。

 喜温暖、光照充
足的环境

 生长期每 15 天
施薄肥 1 次

🌡 15 ~ 25℃

🔧 保持土壤湿润

马樱丹

别　名：五色梅、如意草
科　属：马鞭草科，马樱丹属
原产地：美洲热带地区

特征 直立或蔓性灌木植物。茎枝呈四方形，有
短柔毛；单叶对生，叶片卵形至卵状长圆
形，顶端急尖或渐尖；花序梗粗壮；苞片
披针形；花萼管状，膜质，顶端有极短的齿；
花冠黄色或橙黄色。

应用 用于盆栽或园林栽植等。

喜温暖、光照充
足的环境

生长期每 7 ~ 10
天施肥 1 次

🌡 20 ~ 25℃

🔧 保持土壤湿润

蔓马樱丹

别　名：黄马樱丹、紫马樱丹
科　属：马鞭草科，马樱丹属
原产地：南美洲

特征 常绿灌木植物。株高 50 ~ 100 厘米；茎
四方形，纤细呈花蔓性状；枝下垂，被柔
毛；叶卵形，基部突然变狭，边缘有粗牙
齿；头状花序，有长总花梗；花淡紫红色；
苞片阔卵形；花冠金黄色。

应用 用于庭园美化、花坛布置或作盆栽等。

 喜高温、光照充
足的环境

 春至秋季每 30
天施肥 1 次

 20 ~ 32℃

 保持土壤湿润

美人蕉

别　名：红艳蕉、小芭蕉
科　属：美人蕉科，美人蕉属
原产地：美洲热带地区、印度等

（特征）多年生草本植物。全株绿色，无毛；地上枝丛生；单叶互生，有鞘状的叶柄，叶片卵状长圆形；总状花序，花单生或对生；萼片3枚，绿白色，先端带红色；花冠大多红色；唇瓣披针形，弯曲。

（应用）用于园林、庭院栽植或盆栽等。

 喜温暖、光照充足的环境

 生长期每7～10天施1次肥

15～30℃

生长期每天向叶面喷水1～2次

大花美人蕉

别　名：兰蕉
科　属：美人蕉科，美人蕉属
原产地：美洲热带

（特征）多年生草本植物。茎、叶均被白粉；叶片椭圆形，叶缘、叶鞘紫色；总状花序顶生；花大，比较密集，每片苞片含花1～2朵；萼片披针形；花冠裂片披针形；颜色有红、橘红、淡黄等；唇瓣倒卵状匙形。

（应用）用于花坛、花境、公园栽植或作盆栽等。

喜高温、阳光充足的环境

 生长期、开花期每25天施1次肥

15～30℃

生长期每天向叶面喷水1～2次

兰花美人蕉

别　名：无
科　属：美人蕉科，美人蕉属
原产地：欧洲

（特征）多年生球根草本植物。茎绿色；叶片椭圆形至椭圆状披针形；总状花序，通常不分枝；花大；花萼长圆形；花冠裂片披针形，浅紫色；外轮退化雄蕊3枚，倒卵状披针形，鲜黄至深红，有红色条纹或斑点。

（应用）用于花坛、花境、公园栽植或作盆栽等。

 喜温暖、光照充足的环境

 生长期每10天追肥1次

15～30℃

 生长期每天向叶面喷水1～2次

白丁香

别　名：白花丁香
科　属：木樨科，丁香属
原产地：中国华北

（特征）多年生落叶灌木或小乔木植物。为紫丁香
的变种，与紫丁香的主要区别是叶较小，
花为白色；叶片纸质，单叶互生，卵圆形
或肾脏形，先端锐尖；花白色，有单瓣、
重瓣之别，花端4裂，筒状，呈圆锥花序。

（应用）用于庭院栽植或作盆栽、切花等。

 喜阳光充足的
环境

  开花后可追施
磷、钾、氮肥

 15 ~ 35℃

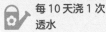 每10天浇1次
透水

紫丁香

别　名：华北紫丁香
科　属：木樨科，丁香属
原产地：中国华北

（特征）灌木或小乔木植物。高可达5米；叶片革
质或厚纸质，卵圆形至肾形；圆锥花序直
立，由侧芽抽生，近球形或长圆形；花冠
紫色，花冠管圆柱形，裂片呈直角开展，
卵圆形、椭圆形至倒卵圆形。

（应用）用于园林、庭院、草坪栽植或作盆栽、切
花等。

 喜温暖、阳光充
足的环境

开花后追施磷、
钾、氮肥

15 ~ 35℃

每10天浇1次
透水

迎春花

别　名：小黄花、金腰带
科　属：木樨科，素馨属
原产地：中国北方

（特征）落叶灌木植物。直立或匍匐，枝条下垂；
叶对生，三出复叶；花单生于去年生小枝
的叶腋；苞片小叶状，披针形、卵形或椭
圆形；花萼绿色，窄披针形；花冠黄色，
裂片5~6枚，长圆形或椭圆形。

（应用）用于园林、庭院栽植等。

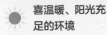 喜温暖、阳光充
足的环境

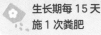 生长期每15天
施1次粪肥

 15 ~ 20℃

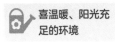 喜温暖、阳光充
足的环境

茉莉花

别　名： 茉莉、木梨花
科　属： 木樨科，素馨属
原产地： 中国、印度等

☀ 喜温暖、半阴的环境

🌡 25 ~ 35℃

⬧ 生长期每 7 天施 1 次稀薄饼肥

💧 土壤干则浇水，浇则浇透

特征 直立或攀缘灌木植物。小枝圆柱形或稍压扁状；叶对生，单叶，叶片纸质，圆形、椭圆形等；聚伞花序顶生，通常有花 3 朵；苞片锥形；花萼无毛或疏被短柔毛；花冠白色，裂片长圆形至近圆形。

应用 用于庭院栽植或盆栽等。

花顶生，单花或有 3 ~ 5 朵，芳香；花萼无毛或疏被短柔毛，裂片为线形；花冠白色，先端圆或钝。

单叶对生，叶片纸质，圆形、椭圆形等，两端圆或钝，基部有时微心形，裂片为长圆形至近圆形。

探春花

别　名： 迎夏、鸡蛋黄
科　属： 木樨科，茉莉属
原产地： 中国河北、河南等

特征 直立或攀缘半常绿灌木植物。叶互生，复叶，小叶片卵形、卵状椭圆形至椭圆形等；聚伞花序或伞状聚伞花序顶生，有花3～25朵；苞片锥形；花萼有5条突起的肋；花冠黄色，近漏斗状，裂片卵形或长圆形。

应用 用于园林、庭院、花坛栽植或作盆栽、切花等。

- 喜温暖、光照充足的环境
- 开花前后适当施肥2～3次
- 13～20℃
- 间干间湿，勿使土壤太干

桂花

别　名： 岩桂、九里香
科　属： 木樨科，木樨属
原产地： 中国、印度等

特征 常绿乔木或灌木植物。树皮灰褐色；小枝黄褐色，无毛；叶片革质，椭圆形、长椭圆形或椭圆状披针形，聚伞花序簇生于叶腋，或近于帚状，每腋内有花多朵；苞片宽卵形；花冠黄白色、淡黄色、黄色等。

应用 用于园林栽植等。

- 喜温暖、光照充足的环境
- 春季施1次氮肥，夏季施1次磷肥
- 15～28℃
- 保持土壤湿润

四季桂

别　名： 月月桂
科　属： 木樨科，木樨属
原产地： 地中海一带

特征 常绿小乔木或灌木植物。小枝呈圆柱形；叶互生，长圆形或长圆状披针形；伞形花序，腋生，1～3个成簇状或短总状排列，开花前由4枚交互对生的总苞片所包裹，呈球形；总苞片近圆形，内面被有绢毛。

应用 用于园林、庭院、道旁栽植或作盆栽等。

- 喜温暖、阳光充足的环境
- 少量勤施
- 20～30℃
- 保持土壤湿润

连翘

别　名：黄花条、青翘、黄寿丹
科　属：木樨科，连翘属
原产地：中国

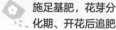 落叶灌木植物。树干丛生；枝开展或下垂，小枝土黄色或灰褐色；叶通常为单叶或3裂至三出复叶，叶片卵形、椭圆形等；花通常单生或2朵至数朵着生于叶腋；花萼绿色，裂片长圆形或长圆状椭圆形。

 用于花篱、花坛、种植园栽植等。

喜温暖、光照充足的环境

18 ~ 20℃

施足基肥，花芽分化期、开花后追肥

保持土壤湿润

素方花

别　名：秀英花、蔓茉莉
科　属：木樨科，素馨属
原产地：中国四川、贵州等地

 攀缘灌木植物。小枝有棱或沟；叶对生，羽状深裂或羽状复叶，有小叶3 ~ 9枚；聚伞花序伞状或近伞状，顶生，稀腋生，有花1 ~ 10朵；花萼杯状，裂片5枚；花冠白色或外红内白，裂片常5枚。

应用 用于园林、庭院、公园栽植或作盆栽等。

喜温暖、阳光充足的环境

20 ~ 30℃

生长期每15天施1次粪肥

保持土壤湿润

栀子

别　名：黄栀子、山栀子
科　属：茜草科，栀子属
原产地：中国

 灌木植物。枝圆柱形；叶对生或3叶轮生，通常为长圆状披针形、倒卵状长圆形等；花芳香，多单朵生于枝顶；萼管倒圆锥形或卵形，裂片披针形或线状披针形；花冠白色或乳黄色，高脚碟状。

应用 用于庭院、园林栽植或作盆栽等。

喜温暖、光照充足的环境

16 ~ 18℃

生长旺季每15天追肥1次

土壤干则浇水，浇则浇透

牡丹

别　名：洛阳花、富贵花
科　属：毛茛科，芍药属
原产地：中国西部秦岭等地

 喜温暖、阳光充足的环境

 16 ~ 20℃

 结合浇水施花前肥、花后肥

 栽植后浇1次透水，生长季忌积水

（特征）落叶灌木植物。顶生小叶宽卵形，裂片不裂或 2 ~ 3 浅裂；侧生小叶狭卵形或长圆状卵形，不等2 裂至 3 浅裂或不裂；花单生枝顶；苞片长椭圆形；萼片宽卵形；花瓣 5 枚，或为重瓣，花色为玫瑰、红紫等色，倒卵形。

（应用）用于庭院、公园、花坛栽植或作盆栽等。

叶多为二回三出复叶，或为 3 小叶；顶生小叶宽卵形，表面绿色，背面淡绿色；侧生小叶狭卵形或长圆状卵形。

花单生于枝顶，苞片 5 枚，长椭圆形；萼片绿色，5 枚，宽卵形；花瓣 5 枚或为重瓣，花色为玫瑰、粉红等色，倒卵形。

芍药

别　名：离草、红药
科　属：芍药科，芍药属
原产地：中国、俄罗斯

特征 多年生草本植物。分枝黑褐色；下部茎生叶为二回三出复叶，上部茎生叶为三出复叶；小叶狭卵形，椭圆形或披针形；花数朵，有时仅顶端 1 朵开放；萼片 4 枚，宽卵形或近圆形；花瓣 9 ～ 13 枚，白色。

应用 用于园林、花坛栽植或作盆栽、切花等。

- ☀ 喜光照充足的环境
- ❀ 施足基肥，追施促花肥和促芽肥
- 🌡 20 ～ 25℃
- 💧 浇水量不宜过多，宁干勿湿

侧金盏花

别　名：金盏花、金盅花
科　属：毛茛科，侧金盏花属
原产地：不详

特征 多年生草本植物。茎无毛或顶部有稀疏短柔毛；叶片正三角形，3 全裂，全裂片有长柄，2 ～ 3 回细裂，末回裂片狭卵形至披针形；萼片 9 枚，常带淡灰紫色；花瓣 10 枚，黄色，倒卵状长圆形或狭倒卵形。

应用 用于庭院、花坛、花境栽植或作盆栽等。

- ☀ 喜温暖、光照充足的环境
- ❀ 生长期每 7 天施 1 次肥
- 🌡 15 ～ 25℃
- 💧 保持土壤湿润

欧洲银莲花

别　名：星粟秋牡丹
科　属：毛茛科，银莲花属
原产地：地中海地区

特征 多年生草本植物。高 30 厘米；球根花卉，地下具块根；叶为根出叶，3 裂，呈掌状深裂；花茎自叶丛中抽出，花单生于茎顶；花朵硕大，色彩艳丽丰富，花色为白、红、粉、蓝紫等色。

应用 用于花坛、花径布置或作盆栽等，也可作切花。

- ☀ 喜温暖、阳光充足的环境
- ❀ 每 15 天施 1 次稀薄饼肥水
- 🌡 15 ～ 20℃
- 💧 每 3 天左右浇 1 次水

黄牡丹

别　名： 滇牡丹

科　属： 芍药科，芍药属

原产地： 中国云南、西藏等

特征 落叶小灌木或亚灌木植物。全体无毛；叶互生，纸质，二回三出复叶；叶片羽状分裂，裂片披针形，纸质，全缘或有齿；花生于枝顶或叶腋，花瓣黄色，倒卵形，有时边缘红色或基部有紫色斑块。

应用 用于公园、庭院栽植或作盆栽等。

 喜温暖、阳光充足的环境　　每10天喷施1次叶面肥

🌡 16～20℃　　保持土壤湿润

花毛茛

别　名： 芹菜花、陆莲花

科　属： 毛茛科，花毛茛属

原产地： 欧洲东南部、亚洲西部

特征 多年宿根草本花卉。茎单生，或少数分枝，有毛；基生叶阔卵形，有长柄；花单生或数朵顶生，花冠丰圆，花瓣平展，每轮8枚，错落叠层，有重瓣、半重瓣；花色有白、黄、红、橙、紫和褐色等。

应用 用于花坛、花境栽植或作盆栽和切花等。

 喜凉爽、半阴的环境　　 每7天施1次肥

🌡 10～20℃　　 保持土壤湿润

丽格秋海棠

别　名： 丽格海棠、玫瑰海棠

科　属： 秋海棠科，秋海棠属

原产地： 园艺杂交种

特征 多年生草本植物。有球根；叶片自茎出，心形，翠绿色，先端渐尖，边缘有锯齿；复花花序腋生，有小花20余朵，单瓣或重瓣，有时花瓣有裙边，其色泽自白、黄色以至粉红、红、橙色不等。

应用 用于园林、庭院、道旁栽植或作盆栽等。

 喜温暖、半阴的环境　　 生长期每15天应施1次稀薄肥

🌡 15～22℃　　 见干见湿，土壤干则浇水

四季海棠

别　名：四季秋海棠
科　属：秋海棠科，秋海棠属
原产地：印度东北部

(特征) 肉质草本植物。茎直立，基部多分枝；叶卵形或宽卵形，边缘有锯齿和睫毛，绿色，但主脉通常微红；花淡红或带白色，数朵聚生于腋生的总花梗上，雄花较大，有花被片4枚，雌花稍小，有花被片5枚。

(应用) 用于花坛、庭院栽植或作盆栽等。

喜温暖、阳光充足的环境

生长期每10～15天施1次肥

18～25℃

不干不浇，土壤干则浇透

球根秋海棠

别　名：茶花海棠、夫妻花
科　属：秋海棠科，秋海棠属
原产地：园艺杂交种

(特征) 多年生球根花卉。株高约30厘米，块茎呈不规则扁球形；叶为不规则心形，先端锐尖，基部偏斜，绿色，叶缘有粗齿及纤毛；腋生聚伞花序，花大而美丽，品种极多，花色有红、白、粉红等色。

(应用) 用于花坛、花境、庭院栽植或作盆栽等。

喜温暖、半阴的环境

生长季节和花期每15天施肥1次

16～21℃

保持土壤湿润

榆叶梅

别　名：榆梅、小桃红
科　属：蔷薇科，桃属
原产地：中国北部

(特征) 灌木植物，稀小乔木。叶簇生或互生；叶片宽椭圆形至倒卵形；花1～2朵，先于叶开放；萼筒宽钟形，萼片卵形或卵状披针形，无毛；花瓣近圆形或宽倒卵形，先端圆钝，有时微凹，粉红色。

(应用) 用于公园、庭院栽植或作盆栽等。

喜温暖、阳光充足的环境

施足底肥，追施促花肥、促芽肥

15～25℃

保持土壤湿润偏干燥

桃花

别　名：玄都花
科　属：蔷薇科，桃属
原产地：中国

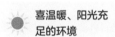 喜温暖、阳光充足的环境

 全年可追肥3~5次

 18~23℃

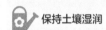 保持土壤湿润

（特征）落叶小乔木植物。树冠宽广而平展；小枝细长，无毛，有光泽；叶片窄椭圆形至披针形；花单生，先于叶开放；萼筒钟形；花瓣长圆状椭圆形至宽倒卵形，粉红色，罕为白色。

（应用）用于庭院、草坪、行道树栽植或作盆栽、切花等。

花单生，花瓣长圆状椭圆形至宽倒卵形，多为粉红色；萼片卵形至长圆形，顶端圆钝。

叶为窄椭圆形至披针形，暗绿色，先端长而细，基部宽楔形，叶边具有细锯齿或是粗锯齿。

梅花

别　名：梅、春梅
科　属：蔷薇科，杏属
原产地：中国南方

☀ 喜温暖、阳光充足的环境

🌡 16～23℃

🪴 开花前后可追肥

💧 保持土壤湿润偏干燥

特征 小乔木，稀灌木植物。小枝绿色，光滑无毛；叶片卵形或椭圆形；花单生或有时 2 朵同生于 1 芽内，先于叶开放；花萼通常红褐色；萼筒宽钟形；萼片卵形或近圆形；花瓣倒卵形，白色至粉红色。

应用 用于园林、庭院栽植或作盆栽等。

　　花多为单生，先花后叶，花瓣倒卵形，白色至粉红色；花萼筒宽钟形，萼片卵形或近圆形，先端圆钝。

　　叶片灰绿色，叶形为卵形或椭圆形，先端尾尖，基部宽楔形至圆形，叶片边缘常有尖锐的小锯齿。

杏

别　名：杏子、甜梅
科　属：蔷薇科，杏属
原产地：中国

 喜阳光充足的环境　　 及时追肥，保持土壤肥沃

 15 ~ 20℃　　 保持土壤湿润

特征 落叶乔木植物。植株无毛；叶互生，阔卵形或圆卵形，边缘有钝锯齿；花单生，先于叶开放；花萼紫绿色，萼筒圆筒形，外面基部被短柔毛；萼片卵形至卵状长圆形；花瓣圆形至倒卵形，白色或带红色。

应用 用于公园、庭院栽植等。

月季花

别　名：月月红、月月花
科　属：蔷薇科，蔷薇属
原产地：中国

 喜温暖、日照充足的环境　　 生长期每10天浇1次淡肥

 10 ~ 25℃　　 土壤不干不浇，浇则浇透

特征 直立灌木植物。高1 ~ 2米；小枝粗壮，圆柱形；小叶片宽卵形至卵状长圆形；托叶大部分贴生于叶柄；花几朵集生，稀单生；萼片卵形，先端尾状渐尖；花瓣重瓣至半重瓣，红色、粉红色至白色，倒卵形。

应用 用于庭院、园林、花坛、花篱栽植或作盆栽等。

素馨花

别　名：耶悉茗花、大花茉莉
科　属：木樨科，素馨属
原产地：中国、缅甸等

 喜温暖、阳光充足的环境　 每30天施1次腐熟肥料

 25 ~ 35℃　 保持土壤湿润

特征 攀缘灌木植物。小枝圆柱形，具棱或沟；叶对生，羽状深裂或有 5 ~ 9 枚小叶，卵形或长卵形；聚伞花序顶生或腋生，有花 2 ~ 9 朵；苞片线形；花萼裂片锥状线形；花冠白色，高脚碟状，裂片多为 5 枚，长圆形。

应用 用于庭院、园林栽植或作盆栽等。

龙吐珠

别　名：麒麟吐珠
科　属：马鞭草科，大青属
原产地：热带非洲西部、墨西哥

 喜温暖、光照充足的环境　 生长期每15天施肥1次

 18 ~ 24℃　 保持土壤湿润

特征 多年生常绿藤本植物。茎 4 棱；单叶对生，深绿色，卵状矩圆形或卵形，叶脉由基部三出，全缘；聚伞花序，顶生或腋生，呈疏散状；花萼筒短，绿色，裂片白色，卵形；花冠筒圆柱形，5 枚裂片，深红色。

应用 用于公园、花架、庭院栽植或作盆栽等。

日本晚樱

别　名：重瓣樱花
科　属：蔷薇科，樱属
原产地：日本

 喜阳光充足的
环境

 开花前和花芽形
成期各施肥 1 次

15 ~ 20℃

见干见湿，土壤
干则浇水

特征 乔木。小枝灰白色或淡褐色，无毛；叶片
卵状椭圆形或倒卵椭圆形；托叶线形；花
序伞房总状或近伞形，有花 2 ~ 3 朵；总
苞片褐红色，倒卵长圆形；苞片褐色或淡
绿褐色；花瓣粉色，倒卵形。

应用 用于庭院、公园、行道树栽植等。

垂丝海棠

别　名：垂枝海棠
科　属：蔷薇科，苹果属
原产地：中国江苏、浙江等

 喜温暖、阳光充
足的环境

 生长期每 30 天
施 1 次稀薄饼肥

 15 ~ 28℃

 保持土壤湿润

特征 落叶小乔木植物。高达 5 米，树冠开展；
叶片卵形或椭圆形至长椭卵形；伞房花序，
有花 4 ~ 6 朵，花梗细弱下垂，有稀疏柔
毛，紫色；萼筒外面无毛，萼片三角卵形；
花瓣倒卵形，基部有短爪，粉红色。

应用 用于庭院、公园、行道树栽植或作盆栽等。

Part 1　常见观花植物

海棠花

别　名：海棠
科　属：蔷薇科，苹果属
原产地：中国

喜温暖、光照充足的环境

生长期每 20 ~ 30 天施 1 次薄肥

15 ~ 20℃

见干见湿，土壤干则浇水

特征 乔木植物，高可达 8 米。小枝粗壮，圆柱形。叶片椭圆形至长椭圆形，老叶无毛。花序近伞形，花 4 ~ 6 朵；萼片为三角卵形，先端急尖；花瓣卵形，基部有短爪，白色，在芽中为粉红色。果实近球形，黄色。

应用 用于庭院、公园、行道树栽植或作盆栽等。

有花 4 ~ 6 朵，花瓣卵形，白色，在芽中为粉红色；苞片膜质，披针形；萼片三角卵形，先端急尖，全缘。

叶片椭圆形至长椭圆形，先端短渐尖或圆钝，基部宽楔形或近圆形，边缘紧贴细锯齿，有时部分近于全缘。

贴梗海棠

别　名：铁脚海棠、皱皮木瓜
科　属：蔷薇科，木瓜属
原产地：中国中部长江流域

特征 落叶灌木植物。冬芽三角卵形，先端急尖；
叶片卵形至椭圆形，稀长椭圆形；花先叶
开放，3～5朵簇生于二年生老枝上；萼
筒钟状，萼片直立，半圆形，稀卵形；花
瓣倒卵形或近圆形，猩红色，稀淡红色或
白色。

应用 用于庭院、公园、行道树栽植或作盆栽等。

 全日照或半日照　　 每年施2～3
次肥

 15～22℃　　 保持土壤湿润

木瓜海棠

别　名：毛叶木瓜
科　属：蔷薇科，木瓜属
原产地：中国陕西、甘肃等

特征 落叶灌木至小乔木植物。枝条直立，小枝
圆柱形，微屈曲，紫褐色，有疏生浅褐色
皮孔；叶片椭圆形、披针形至倒卵披针形；
花2～3朵簇生于二年生枝上；萼筒钟状，
外面无毛或稍有短柔毛。

应用 用于庭院、公园、行道树栽植等。

 喜温暖、光照充　　 施足基肥，开花后
足的环境　　　　　　追施1～2次复合肥

 18～20℃　　保持土壤湿润

石斑木

别　名：春花、白杏花
科　属：蔷薇科，石斑木属
原产地：中国、印度

特征 常绿灌木植物。叶片集生于枝顶，卵形、
长圆形，稀倒卵形或长圆披针形，先端圆
钝；顶生圆锥花序或总状花序；苞片及小
苞片狭披针形；萼片5枚，三角披针形至
线形花瓣5枚，白色或淡红色，倒卵形或
披针形。

应用 用于庭院、园林栽植或盆栽等。

 喜阳光充足的　　 生长期每5～7
环境　　　　　　　施1次肥

 10～25℃　　保持土壤湿润

菊花桃

别　名：菊瓣桃
科　属：蔷薇科，李属
原产地：中国北部、中部

(特征) 落叶小乔木。干皮深灰色，小枝细长柔弱；叶片椭圆状披针形，先端渐长尖，基部宽锥形，无毛；花单生，形如小菊花，粉红色；花蕾卵形；花瓣披针卵形，不规则扭曲，边缘呈不规则的波状。

(应用) 用于庭院、园林、行道树栽植或作盆栽和切花等。

喜阳光充足的环境	全年可追肥3 ~ 5次
18 ~ 25℃	保持土壤湿润

现代月季花

别　名：大花月季
科　属：蔷薇科，蔷薇属
原产地：中国湖北、四川等

(特征) 常绿或半常绿直立灌木植物，通常有钩状皮刺。小叶3 ~ 5枚，广卵状至卵状椭圆形，先端尖，边缘有锐锯齿；叶柄和叶轴散生皮刺和短腺毛；花常数朵簇生，单生较少，深红、粉红至近白色，微香；萼片常羽裂。

(应用) 用于庭院、花坛、花境栽植或作盆栽、切花等。

喜光照充足的环境	生长期每10天浇1次淡肥
10 ~ 25℃	每7 ~ 10浇水1次

金山绣线菊

别　名：无
科　属：蔷薇科，绣线菊属
原产地：北美

(特征) 落叶小灌木植物。枝叶紧密，冠形球状整齐；单叶互生，叶菱状披针形，羽状脉；花两性，伞房花序；萼筒钟状，萼片5枚；花瓣5枚，圆形较萼片长；雄蕊长于花瓣，着生在花瓣与萼片之间；花浅粉红色。

(应用) 用于庭院、花坛、花境栽植或作盆栽等。

喜温暖、日照充足的环境	施足基肥，开花前后施复合肥
20 ~ 30℃	保持土壤湿润

木香花

别　名：蜜香、五木香
科　属：蔷薇科，蔷薇属
原产地：中国四川、云南

特征　攀缘小灌木植物。高可达6米；小枝圆柱形，有短小皮刺；小叶3～5枚，叶片椭圆状卵形或长圆披针形；花小型，多朵成伞形花序，萼片卵形，萼筒和萼片外面均无毛；花瓣重瓣至半重瓣，白色，倒卵形。

应用　用于庭院、花坛、花篱栽植或作盆栽等。

 喜温暖，阳光充足的环境　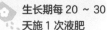 生长期每20～30天施1次液肥

 10～29℃　 保持土壤湿润

金露梅

别　名：金腊梅、金老梅
科　属：蔷薇科，委陵菜属
原产地：中国青海、云南等

特征　落叶灌木植物。株高约1.5米，树冠球形，树皮纵裂，分枝多，幼枝被丝状毛；羽状复叶集生，长椭圆形至条状长圆形，全缘，边缘外卷；花单生或数朵排成伞房状，花瓣黄色，宽倒卵形，比萼片长。

应用　用于园林栽植或作盆栽等。

 喜光照充足的环境　 生长期每5～7天施薄肥1次

 16～24℃　 保持土壤湿润

白鹃梅

别　名：金瓜果、茧子花
科　属：蔷薇科，白鹃梅属
原产地：中国河南、江西等

特征　落叶灌木植物。枝条细弱开展；叶片椭圆形，长椭圆形至长圆倒卵形，先端圆钝或急尖稀有突尖；顶生总状花序，有花6～10朵；苞片小，宽披针形；萼筒浅钟状；萼片黄绿色；花瓣5枚，倒卵形，白色。

应用　用于庭院、园林栽植或作盆栽等。

 喜光照充足的环境　 生长期每5～7天施薄肥1次

 15～30℃　 见干见湿，浇则浇透

郁李

别　名：爵梅、秧李
科　属：蔷薇科，樱属
原产地：中国

特征 灌木植物。小枝灰褐色，嫩枝绿色或绿褐色；叶片卵形或卵状披针形，先端渐尖，基部圆形；花1～3朵，簇生，花叶同开或先叶开放；萼筒陀螺形，无毛，萼片椭圆形；花瓣白色或粉红色，倒卵状椭圆形。

应用 用于庭院、园林栽植或作花篱等。

- ☀ 喜温暖、半阴的环境
- 🌡 15～30℃
- ✿ 展叶前和4月开花前各施肥1次
- 💧 间干间湿，浇则浇透

野蔷薇

别　名：多花蔷薇、白残花
科　属：蔷薇科，蔷薇属
原产地：中国华北、华中等

特征 攀缘灌木植物。小枝圆柱形，通常无毛；小叶5～9枚，倒卵形、长圆形或卵形，先端急尖或圆钝，基部近圆形或楔形；花数朵，排成圆锥状花序；萼片披针形，有时中部有2枚线形裂片；花瓣白色，宽倒卵形。

应用 用于庭院、园林栽植或作花篱等。

- ☀ 喜光照充足的环境
- 🌡 20～25℃
- ✿ 孕蕾期宜施1～2次稀薄饼肥水
- 💧 保持土壤湿润

繁星花

别　名：星形花、雨伞花、五星花
科　属：茜草科，五星花属
原产地：热带非洲、阿拉伯等

特征 多年生草本花卉。茎直立，分枝力强，叶对生，披针形；顶生聚伞形花序，小花呈筒状，5裂成五角星形，故又名五星花。数十朵花聚生成团，十分艳丽悦目，花色有粉红、绯红、桃红、白色等。

应用 用于花台、花坛栽植或作盆栽等。

- ☀ 喜暖热、光照充足的环境
- 🌡 25～30℃
- ✿ 生长期每7～10天施1次肥
- 💧 土壤干则浇水

六月雪

别　名：白马骨
科　属：茜草科，六月雪属
原产地：中国、日本等

特征 常绿小灌木植物。叶革质，卵形至倒披针形，柄短；花单生或数朵丛生于小枝顶部或腋生，有被毛、边缘浅波状的苞片；萼檐裂片细小，锥形，被毛；花冠淡红色或白色，裂片扩展，顶端 3 裂；花柱易凸出。

应用 用于花坛、花篱或作盆栽等。

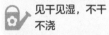

- 喜温暖的环境，畏强光
- 生长期每 10 ～ 15 天施 1 次稀薄液肥
- 20 ～ 30℃
- 见干见湿，不干不浇

龙船花

别　名：仙丹花、英丹花
科　属：茜草科，龙船花属
原产地：中国、缅甸、马来西亚

特征 灌木植物。小枝初时深褐色，老时呈灰色；叶对生，或由于节间距离极短几成 4 枚轮生，披针形、长圆状披针形至长圆状倒披针形；花序顶生，多花；花冠红色或红黄色，顶部 4 裂，裂片倒卵形或近圆形。

应用 用于庭院、园林栽植或作盆栽等。

- 喜高温、日照充足的环境
- 生长期、开花期每月施肥 1 次
- 23 ～ 32℃
- 保持土壤湿润

矮牵牛

别　名：碧冬茄、矮喇叭
科　属：茄科，碧冬茄属
原产地：南美洲阿根廷

特征 多年生草本植物，常作一年或二年生栽培。茎匍地生长，被有黏质柔毛；叶质柔软，卵形，全缘，互生，上部叶对生；花单生，花冠呈漏斗状，檐部 5 钝裂，或有皱褶、卷边、重瓣等形，花色有白、紫或各种红色。

应用 用于庭院、园林栽植或作盆栽、切花等。

- 喜温暖、阳光充足的环境
- 生长前期勤施薄肥
- 13 ～ 18℃
- 不干不浇，浇则浇透

紫薇

别　名：痒痒花、满堂红
科　属：千屈菜科，紫薇属
原产地：亚洲南部、澳洲北部

 喜温暖、光照充足的环境

 生长期每 10 ~ 15 天施肥 1 次

 15 ~ 40℃

 保持土壤湿润

特征 落叶灌木或小乔木植物。树皮平滑，灰色或灰褐色；叶互生或有时对生，纸质，椭圆形、阔矩圆形或倒卵形；花色有玫红、大红、深粉红、淡红色或紫色等，组成顶生圆锥花序；花瓣 6 枚，有长爪。

应用 用于庭院、园林、草坪栽植等。

大花紫薇

别　名：大叶紫薇、佛泪花
科　属：千屈菜科，紫薇属
原产地：澳洲、亚洲热带

 喜温暖、光照充足的环境

 成株每年施肥 2 次

 20 ~ 30℃

 保持土壤湿润

特征 大乔木植物。树皮灰色；叶革质，矩圆状椭圆形或卵状椭圆形；花淡红色或紫色，顶生圆锥花序；花轴、花梗及花萼外面均被有密毡毛；花萼有棱 12 个，裂片三角形；花瓣 6 枚，近圆形至矩圆状倒卵形。

应用 用于庭院、园林、草坪栽植等。

曼陀罗

别　名：满达、大喇叭花
科　属：茄科，曼陀罗属
原产地：墨西哥

喜温暖、向阳的环境

每10天施1次腐熟饼肥水

15～25℃

保持土壤湿润

特征 一年生草本植物或半灌木植物。叶互生，上部呈对生状，叶片卵形或宽卵形；花单生于枝杈间或叶腋；花萼筒状，顶端紧围花冠筒，5浅裂，裂片三角形；花冠漏斗状，下半部带绿色，上部白色或淡紫色。

应用 用于庭院、花园栽植等。

鸳鸯茉莉

别　名：番茉莉
科　属：茄科，鸳鸯茉莉属
原产地：中美洲、南美洲

喜温暖、光照充足的环境

薄肥勤施

18～30℃

见干见湿，土壤干则浇水

特征 多年生常绿灌木植物。单叶互生，长披针形或椭圆形；花单朵或数朵簇生，有时数朵组成聚伞花序；花冠呈高脚碟状，有浅裂；花萼呈筒状；花含苞时为蘑菇状、深紫色，初开时蓝紫色，以后渐成淡雪青色、白色。

应用 用于公园、庭院栽植或作盆栽等。

韭兰

别　名：韭莲、风雨花
科　属：石蒜科，葱莲属
原产地：南美

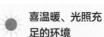 喜温暖、光照充足的环境

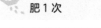 每2～3个月施肥1次

 22～30℃

 保持土壤湿润

特征 多年生草本植物。鳞茎卵球形。基生叶常数枚簇生，线形，扁平，株高15～30厘米，成株丛生状；叶片线形，极似韭菜；花茎自叶丛中抽出，花瓣多数为6枚，有时开出8枚，花形较大，呈粉红色，花瓣略弯垂。

应用 用于庭院、花坛栽植或作盆栽等。

 基生叶经常是数枚簇生，线形，扁平，长为15～30厘米，宽6～8毫米，成株丛生状。叶片为线形，与韭菜较为相似。

 花单生于花茎顶端，花瓣多为6枚，略弯垂，花形较大，玫瑰红色或粉红色；花被裂片6枚，裂片为倒卵形。

朱顶红

别　名：孤挺花、百子莲
科　属：石蒜科，孤挺花属
原产地：秘鲁、巴西

特征 多年生草本植物。鳞茎近球形，并有匍匐枝；叶6～8枚，鲜绿色，带形；花2～4朵，花茎中空，稍扁，具有白粉；佛焰苞状总苞片披针形；花被管绿色，圆筒状，花被裂片长圆形，洋红色，略带绿色。

应用 用于庭院、花坛栽植或作盆栽、切花等。

 喜温暖的环境，不喜酷热

 生长期每15天施肥1次，开花期停肥

🌡 18～25℃

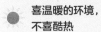 保持土壤湿润

西洋杜鹃

别　名：比利时杜鹃
科　属：杜鹃花科，杜鹃属
原产地：园艺杂交种

特征 常绿灌木植物。植株矮小；枝、叶表面疏生柔毛；分枝多；叶互生，叶片卵圆形、长椭圆形，深绿色；总状花序，花顶生，花冠阔漏斗状，花有半重瓣和重瓣，花色有红、粉、白、玫瑰红和双色等。

应用 用于庭院种植或作盆栽等。

 喜温暖、半阴的环境

 薄肥勤施

🌡 12～25℃

 土壤干则浇足水

小叶紫薇

别　名：细叶紫薇
科　属：千屈菜科，紫薇属
原产地：中国云南

特征 落叶乔木植物。树皮呈长薄片状；小枝略呈四棱形；单叶对生或近对生，椭圆形至倒卵形，有短柄；圆锥花序着生于当年生枝端，花呈白、堇、红、紫等色。花萼半球形，绿色，顶端6浅裂，花瓣6枚。

应用 用于庭院、园林、行道树栽植或作盆栽等。

 喜温暖、光照充足的环境

 冬季落叶后和春季萌动前施肥

🌡 15～40℃

 土壤干则浇水

琼花

别　名：蝴蝶花、聚八仙花
科　属：忍冬科，荚蒾属
原产地：中国江苏、浙江等

特征 落叶或半常绿灌木植物。树皮灰褐色或灰白色；叶纸质，卵形至椭圆形或卵状矩圆形，顶端钝或稍尖；聚伞花序，全部由大型不孕花组成，花生于第三级辐射枝上；萼筒筒状，矩圆形；花冠白色，裂片圆状倒卵形。

应用 用于庭院、园林、行道树栽植或作盆栽等。

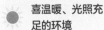 喜温暖、光照充足的环境　 薄肥勤施

 15 ~ 30℃　 保持土壤湿润

锦带花

别　名：锦带、五色海棠
科　属：忍冬科，锦带花属
原产地：中国、日本等

特征 落叶灌木植物。幼枝稍四方形；叶矩圆形、椭圆形至倒卵状椭圆形，顶端渐尖；花单生或成聚伞花序，生于侧生短枝的叶腋或枝顶；萼筒长圆柱形；花冠紫红色或玫瑰红色，裂片不整齐，内面浅红色。

应用 用于庭院、园林、行道树栽植等。

喜光照充足的环境　 生长期每30天施肥1 ~ 2次

 15 ~ 30℃　 每30天浇1 ~ 2次透水

郁香忍冬

别　名：香忍冬、羊奶子
科　属：忍冬科，忍冬属
原产地：中国河北、河南等地

特征 半常绿或落叶灌木植物。幼枝无毛或疏被倒刚毛；叶厚纸质或带革质，从倒卵状椭圆形、椭圆形到圆卵形等；花先于叶或与叶同时开放；苞片披针形至近条形；花冠白色或淡红色，外面无毛或稀有疏糙毛，唇形。

应用 用于庭院、园林、草坪栽植等。

喜光照充足的环境　 生长期每年可施2次肥

 12 ~ 28℃　 保持土壤湿润

康乃馨

别　名：香石竹、大花石竹
科　属：石竹科，石竹属
原产地：地中海地区

 喜阳光充足的环境

 14 ~ 21℃

 生长期每 10 天施 1 次腐熟肥水

 保持土壤湿润

特征 多年生草本植物。茎丛生，直立；叶片线状披针形，顶端长渐尖；花常单生枝端有香气，粉红、紫红或白色；苞片宽卵形，顶端短凸尖，花萼圆筒形，萼齿披针形，边缘膜质；花瓣倒卵形，顶缘有不整齐的齿。

应用 用于花坛、花境栽植或作盆栽、切花等。

花常单生枝端，有时 2 ~ 3 朵。花瓣粉红、紫红或白色，花瓣倒卵形，顶缘有不整齐的齿；花萼圆筒形，萼齿披针形。

叶片为线状披针形，长为 4 ~ 14 厘米，顶端长渐尖，基部则稍成短鞘，上面下凹，下面稍凸起。

芫花

别　名：石棉皮、泡米花
科　属：瑞香科，瑞香属
原产地：中国河北、山东等

特征 落叶灌木植物。树皮褐色；小枝圆柱形；叶对生，稀互生，纸质，卵形或卵状披针形至椭圆状长圆形；花比叶先开放，花紫色或淡蓝紫色，常 3 ~ 6 朵花簇生叶腋或侧生；花萼筒细瘦，筒状。

应用 用于园林栽植等。

☀ 喜温暖的环境　　❀ 春、秋两季各追肥 1 次

🌡 12 ~ 25℃　　🔒 保持土壤湿润

金边瑞香

别　名：瑞香、风流树
科　属：瑞香科，瑞香属
原产地：中国长江流域

特征 常绿直立灌木植物。枝粗壮，通常二歧分枝；叶互生，长圆形或倒卵状椭圆形；花外面淡紫红色，内面肉红色，数朵至 12 朵组成顶生头状花序；苞片披针形或卵状披针形；花萼筒管状，心状卵形或卵状披针形。

应用 用于庭院、园林栽植或作盆栽等。

☀ 全日照或半日照　　❀ 生长季每 10 天浇 1 次稀薄液肥

🌡 20 ~ 25℃　　🔒 见干见湿，土壤干则浇水

结香

别　名：打结花、梦冬花
科　属：瑞香科，结香属
原产地：中国

特征 灌木植物。小枝粗壮，褐色；叶在花前凋落，长圆形，披针形至倒披针形；头状花序顶生或侧生，有 30 ~ 50 朵花，呈绒球状，外围有 10 枚左右被长毛而早落的总苞；花黄色，顶端 4 裂，裂片卵形。

应用 用于庭院、园林栽植或作盆栽等。

☀ 喜半阴的环境　　❀ 开花后和入秋各施 1 次肥

🌡 15 ~ 25℃　　🔒 保持土壤湿润

茶花

别　名：山茶、山茶花
科　属：山茶科，山茶属
原产地：中国东部等

特征 灌木或小乔木植物。叶革质，椭圆形，先端略尖，或急短尖而有钝尖头；花顶生，红色，无柄；苞片及萼片约10枚，组成杯状苞被，半圆形至圆形；花瓣6～7枚，外侧2枚近圆形，外面有毛。

应用 用于庭院、园林、景观区栽植或作盆栽、切花等。

 喜温暖、光照充足的环境

 秋、冬季每7天浇1次腐熟液肥

18～25℃

保持土壤湿润

茶梅

别　名：茶梅花
科　属：山茶科，山茶属
原产地：中国、日本

特征 常绿灌木或小乔木植物。树冠球形或扁圆形；树皮灰白色；叶互生，椭圆形至长圆卵形，革质，叶面有光泽；花多白色和红色，略芳香，重瓣或半重瓣，花色除有红、白、粉红等色外，还有红、白镶边等。

应用 用于花坛、花境、庭院栽植或作盆栽、切花等。

 喜温暖、半阴的环境

 薄肥勤施，每15天施肥1次

18～25℃

保持土壤湿润

齿叶睡莲

别　名：无
科　属：睡莲科，睡莲属
原产地：印度、泰国等

特征 多年水生草本植物。根状茎肥厚，匍匐；叶纸质，卵状圆形，基部有深弯缺，裂片圆钝，下面带红色，密生柔毛；花直径2～8厘米；花瓣12～14枚，白色、红色或粉红色，矩圆形，先端圆钝，有5纵条纹。

应用 用于庭院、园林栽植或作盆栽等。

 喜光照充足的环境

 每15天追肥1次

 25～30℃

 适合水深25～30厘米

红睡莲

别　名：红荷根、红苹果荷根
科　属：睡莲科，睡莲属
原产地：中国

特征 多年水生草本植物。根状茎匍匐；叶纸质，近圆形，裂片尖锐，近平行或开展，全缘或波状，叶缘有浅三角形齿牙；花大，玫瑰红色，芳香；萼片披针形；花瓣20～25枚，白色，卵状矩圆形。

应用 用于庭院、公园栽植或作盆栽等。

 喜光照充足的环境

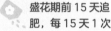 盛花期前15天追肥，每15天1次

 25～30℃

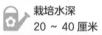 栽培水深20～40厘米

延药睡莲

别　名：蓝睡莲
科　属：睡莲科，睡莲属
原产地：中国湖北、广东等

特征 多年水生草本植物。根状茎短，肥厚；叶纸质，圆形或椭圆状圆形；花微香；花梗略和叶柄等长；萼片条形或矩圆状披针形，有紫色条纹；花瓣10～30枚，白色带青紫、鲜蓝色或紫红色，条状矩圆形或披针形。

应用 用于庭院、园林栽植或作盆栽等。

喜光照充足的环境

 盛花期前15天追肥，每15天1次

25～30℃

适合水深25～30厘米

亚马孙王莲

别　名：王莲
科　属：睡莲科，王莲属
原产地：南美洲热带水域

特征 多年生或一年生浮叶草本。初生叶呈针状，2～3枚叶呈矛状，4～5枚叶呈戟形，6～10枚叶呈椭圆形至圆形，11枚叶后叶缘上翘呈盘状；花单生，大且美；萼片4枚，卵状三角形；花瓣多数，倒卵形。

应用 用于河湾、湖畔、园林栽植等。

喜高温、光照充足的环境

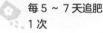 每5～7天追肥1次

25～35℃

水深以不超出1米为宜

葱兰

别　名: 白花菖蒲莲、韭菜莲
科　属: 石蒜科，葱莲属
原产地: 南美洲

（特征）多年生草本花卉。鳞茎卵形，具有明显的颈部；叶狭线形，肥厚，亮绿色；花单生于花茎顶端，下有带褐红色的佛焰苞状总苞；花白色，外面常带淡红色；花被片6枚，顶端钝或有短尖头。

（应用）用于花坛、庭院栽植或作盆栽等。

 喜阳光充足，耐半阴

 薄肥勤施，量少次多

 15～20℃

 间干间湿，不干不浇

南美水仙

别　名: 美国水仙
科　属: 石蒜科，南美水仙属
原产地: 哥伦比亚、秘鲁

（特征）多年生草本花卉。叶宽大，深绿色有光泽；顶生伞形花序，着生花5～7朵，花为纯白色，有芳香；花冠筒圆柱形，中央生有1个副花冠，花瓣开展呈星状；花朵硕大，洁白无瑕，姿态优雅，亭亭玉立。

（应用）用于花境、庭院栽植或作盆栽等。

 喜高温和散射光的环境

 每7～10天施1次液肥

 20～25℃

 保持土壤湿润

晚香玉

别　名: 夜来香、月下香
科　属: 石蒜科，晚香玉属
原产地: 墨西哥、南美

（特征）多年生鳞茎草花。基生叶条形，茎生叶短小；穗状花束顶生，每穗着花12～32朵，花白色漏斗状，有浓香，至夜晚香气更浓，花被筒细长，裂片6枚；栽培品种有白色和淡紫色两种，白色种多为单瓣。

（应用）用于庭院、花坛栽植或作盆栽、切花等。

 喜温暖、阳光充足的环境

 开花前施1次，开花后每45天施1次

 20～30℃

 保持土壤湿润

水仙

别　名：凌波仙子、雪中花
科　属：石蒜科，水仙属
原产地：亚洲东部的海滨温暖地区

 喜阳光充足的环境

及时追肥，保持土壤肥沃

 10 ~ 20℃

 保持土壤湿润，排水通畅

（**特征**）多年生草本植物。鳞茎卵状至广卵状球形；叶狭长带状，叶由鳞茎顶端绿白色筒状鞘中抽出花茎，再由叶片中抽出；伞状花序，花瓣多为 6 枚，末处呈鹅黄色；花蕊外面有 1 个如碗一般的保护罩。

（**应用**）用于园林栽植或作盆栽等。

荷花

别　名：莲花、水芙蓉
科　属：睡莲科，莲属
原产地：亚洲热带和温带

 喜光照充足的环境

 以磷钾肥为主，辅以氮肥

 22 ~ 35℃

 生长期时刻离不开水

（**特征**）多年生水生草本花卉。根状茎长而肥厚，有长节；叶盾圆形，表面深绿色，被蜡质白粉覆盖；花单生于花梗顶端，花瓣多数，嵌生在花托穴内，有红、粉红、白、紫等色，或有彩纹、镶边；坚果椭圆形。

（**应用**）用于大型公园、景区、水塘栽植或作盆栽、插花等。

非洲百合

别　名：百子莲、蓝百合
科　属：石蒜科，百子莲属
原产地：非洲南部

 喜光照充足的
环境

 10～25℃

 每15天施肥
1次

保持土壤湿润

特征 多年生草本植物。须根系，肉质，较为粗壮；
茎直立长度超过1米；基生叶对生，簇生
状，常绿叶片13枚左右，条形；伞形花序，
花色为少有的浅蓝色至深蓝色，小花钟形，
花形秀丽。

应用 用作岩石园、花径的点缀植物或作室内盆
栽等。

石竹

别　名：北石竹、洛阳花
科　属：石竹科，石竹属
原产地：中国北方

 喜光照充足的
环境

 每10天施1次
腐熟液肥

 15～20℃

 不干不浇，浇则
浇透

特征 多年生草本植物。全株无毛，带粉绿色；
茎直立，疏丛生；叶片线状披针形，顶端
渐尖；花单生枝端或数花集成聚伞花序，
紫红色、粉红色、鲜红色或白色，顶缘不
整齐齿裂，喉部有斑纹。

应用 用于花坛、花境、园林栽植或作盆栽等。

洋水仙

别　名：喇叭水仙、黄水仙
科　属：石蒜科，水仙属
原产地：地中海沿岸地区

（特征）多年生草本植物。鳞茎球形；叶 4 ～ 6 枚，直立向上，宽线形，粉绿色，钝头；花茎高约 30 厘米，顶端生花 1 朵；佛焰苞状；花被管倒圆锥形，花被裂片长圆形，淡黄色；副花冠浅杯状，边缘红色。

（应用）用于草坪、花坛栽植或作盆栽、切花等。

* 喜冷凉、半阴的环境
 生长期间每 15 天施肥 1 次

🌡 15 ～ 20℃
🔒 保持土壤湿润

满天星

别　名：霞草、锥花丝石竹
科　属：石竹科，石头花属
原产地：地中海沿岸

（特征）多年生草本植物。茎单生，稀数个丛生；叶片披针形或线状披针形，顶端渐尖；圆锥状聚伞花序多分枝，花小而多；苞片三角形；花萼宽钟形，有紫色宽脉，萼齿卵形，边缘白色；花瓣白色或淡红色，匙形。

（应用）用于花坛、花篱栽植或作盆栽等。

 喜温暖、光照充足的环境
 生长期每 15 天施肥 1 次

🌡 15 ～ 25℃
🔒 保持土壤湿润

油菜

别　名：芸薹、佛佛菜
科　属：十字花科，芸薹属
原产地：中国

（特征）一年生草本植物。茎呈圆柱形；基生叶不发达，匍匐生长，椭圆形，大头羽状分裂，顶生裂片圆形或卵形；总状花序；花两性，辐射对称，花瓣 4 枚，呈"十"字形排列，花片质如宣纸，嫩黄微薄。

（应用）用于庭院、公园栽植或作盆栽等。

 喜阳光充足的环境
 施足基肥，增施磷、钾、硼肥

 20 ～ 25℃
 生长期浇水 3 ～ 4 次

黄花美人蕉

别　名：黄连蕉、黄兰蕉
科　属：美人蕉科，美人蕉属
原产地：印度

 喜温暖、光照充足的环境

 生长旺季每月追肥3～4次

 15～30℃

 生长期每天向叶面喷水1～2次

特征 多年生草本植物。植株丛生，全株绿色无毛，株高为80～120厘米；根茎肉质，粗壮，地上茎直立且不分枝；单叶互生，宽大，叶柄鞘状；总状花序略高出叶片之上，花黄色，花单生或对生。

应用 用于庭院、公园、池塘边栽植或作盆栽等。

金桂

别　名：木樨、岩桂
科　属：木樨科，木樨属
原产地：中国

 喜光照充足的环境，较耐阴

 适宜施淡水肥

 15～28℃

 保持土壤湿润，排水通畅

特征 常绿性小乔木植物。树冠为圆球形；枝条挺拔而紧密；树叶革质，形状为椭圆形，颜色深绿，而且有光泽；叶面不平整，全缘，或先端有锯齿；秋季开花，柠檬黄淡至金黄色，有浓香，不结果实。

应用 用于园林花木或药用种植等。

花菱草

别　名：加州罂粟、金英花
科　属：罂粟科，花菱草属
原产地：美国加利福尼亚州

 喜冷凉、半阴的环境

 薄肥勤施、量少次多

 18 ~ 25℃

 不干不浇，浇则浇透

（特征）多年生草本植物。茎直立；叶片灰绿色，裂片多变，线形锐尖、长圆形锐尖或钝、匙状长圆形；花单生于茎和分枝顶端；花托凹陷，漏斗状或近管状，花开后呈杯状；花萼卵珠形；花瓣 4 枚，三角状扇形，黄色。

（应用）用于花带、花境、庭院栽植或作盆栽等。

花单生，花开后呈杯状，边缘波状反折；花萼卵珠形，顶端呈短圆锥状，萼片 2 枚；花瓣有 4 枚，三角状扇形，黄色。

叶片长 10 ~ 30 厘米，灰绿色，多回三出羽状细裂，裂片线形锐尖、匙状长圆形等；茎生叶与基生叶相同，但较小。

叶子花

别　名： 九重葛、贺春红
科　属： 紫茉莉科，叶子花属
原产地： 巴西

特征 木质藤本状灌木植物。茎有弯刺；单叶互生，卵形全缘；花细小，黄绿色，3 朵聚生于 3 片红苞中，红苞片大而美丽，有鲜红色、橙黄色、紫红色等，被误认为是花瓣，因其形状似叶，故称"叶子花"。

应用 用于庭院、园林栽植或作盆栽、切花等。

 喜温暖、阳光充足的环境

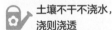 每 7 天施肥 1 次，花期施磷肥 2 次

20 ~ 30℃

土壤不干不浇水，浇则浇透

紫罗兰

别　名： 草桂花、四桃克
科　属： 十字花科，紫罗兰属
原产地： 欧洲南部、地中海沿岸

特征 二年生或多年生草本。茎直立，多分枝；叶片长圆形至倒披针形或匙形，全缘或呈微波状；总状花序顶生和腋生，花多数，较大；萼片直立，长椭圆形，内轮萼片基部呈囊状；花瓣紫红、淡红或白色，近卵形。

应用 用于花坛、花境栽植或作盆栽、切花等。

 喜冷凉、半阴的环境

 生长期每 10 天施 1 次腐熟液肥

 18 ~ 24℃

土壤干则浇水

鸢尾

别　名： 乌鸢、扁竹花、蓝蝴蝶
科　属： 鸢尾科，鸢尾属
原产地： 中国、日本

特征 多年生草本植物。根状茎粗壮。叶基生，黄绿色，宽剑形。苞片 2 ~ 3 枚，绿色，草质，边缘膜质，披针形或长卵圆形，顶端渐尖或长渐尖，内包含有 1 ~ 2 朵花。花蓝紫色，上端膨大成喇叭形。

应用 用于园林、花坛栽植或作盆栽、切花等。

 喜阳光充足的环境

 秋季施肥 1 次，生长期追施化肥

 15 ~ 18℃

 保持土壤湿润

红千层

别　名： 瓶刷木、金宝树
科　属： 桃金娘科，红千层属
原产地： 澳大利亚

特征 小乔木植物。树皮坚硬，灰褐色；嫩枝有棱；叶片坚革质，线形，先端尖锐，有油腺点，干后凸起，边脉于边上突起；穗状花序生于枝顶；萼管略被毛，萼齿半圆形，近膜质；花瓣绿色，卵形。

应用 用于庭院、园林、行道树栽植或作盆栽、切花等。

喜暖热、光照充足的环境

每30天施肥1次

25℃左右

保持土壤湿润

牵牛花

别　名： 牵牛、喇叭花
科　属： 旋花科，牵牛属
原产地： 美洲热带地区

特征 一年生缠绕草本植物。茎上被短柔毛及长硬毛；叶宽卵形或近圆形深或浅的3裂，较少5裂，基部圆心形，中裂片长圆形或卵圆形；花腋生，单一或通常2朵着生于花序梗顶，花序梗长短不一，毛被同茎。

应用 用于庭院、地被栽植或作盆栽等。

喜温暖、光照充足的环境

每15天施稀液肥1次

22～34℃

保持土壤稍湿润为宜

香彩雀

别　名： 夏季金鱼草
科　属： 玄参科，香彩雀属
原产地： 南美洲

特征 一年生草本植物。株高40～60厘米，全体被腺毛；叶对生或上部互生，无柄，披针形或条状披针形，有尖而向叶顶端弯曲的疏齿；花单生叶腋，花瓣唇形，上方4裂，花梗细长；花色有紫、粉、白等色。

应用 用于花坛、花境；庭院栽植或作盆栽等。

喜温暖、光照充足的环境

每10天施肥1次

18～26℃

保持土壤湿润

龙面花

别　名：耐美西亚、爱蜜西
科　属：玄参科，龙面花属
原产地：南非

（特征）一年或二年生草本植物。株高 30 ～ 60 厘米，多分枝；叶对生，基生叶长圆状匙形，全缘，茎生叶披针形；总状花序着生于分枝顶端，伞房状；色彩多变，有白、淡黄、深红和玫紫等；喉部黄色。

（应用）用于花坛栽植或作盆栽、切花等。

| 喜温暖、光照充足的环境 | 每 10 天左右施肥 1 次 |
| 18 ～ 22℃ | 见干见湿，土壤干则浇水 |

猴面花

别　名：锦花沟酸浆
科　属：玄参科，沟酸浆属
原产地：南美智利

（特征）多年生草本植物。株高为 30 ～ 40 厘米；茎粗壮，中空，伏地处节上生根；叶交互对生，卵圆形，长宽近相等，上部略狭；稀疏总状花序，花对生在叶腋内，漏斗状，黄色，花两唇。

（应用）用于园林、花坛栽植或作盆栽等。

| 喜阳光充足的环境 | 薄肥勤施，量少次多 |
| 15 ～ 28℃ | 保持土壤湿润 |

金鱼草

别　名：龙头花、狮子花
科　属：玄参科，金鱼草属
原产地：地中海地区

（特征）多年生直立草本植物。茎基部无毛，中上部被腺毛；叶下部对生，上部的叶常互生，有短柄；叶片无毛，披针形至矩圆状披针形，全缘；总状花序顶生，密被腺毛；花萼 5 深裂，裂片卵形，钝或急尖。

（应用）用于花坛、花境栽植或作盆栽、切花等。

 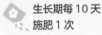

| 喜阳光充足的环境 | 生长期每 10 天施肥 1 次 |
| 12 ～ 20℃ | 保持土壤湿润 |

瞿麦

别　名：高山瞿麦、野麦
科　属：石竹科，石竹属
原产地：中国、日本等

 喜温暖、光照充足的环境　　 一般每年追肥3次

 10 ~ 30℃　　 保持土壤湿润

特征 多年生草本植物。茎丛生，直立，绿色；叶片线状披针形，顶端锐尖；花1 ~ 2朵生枝端，有时顶下腋生；苞片2 ~ 3对，倒卵形；花萼圆筒形，萼齿披针形；花瓣宽倒卵形，通常淡红色或带紫色。

应用 用于花坛、花境栽植或作盆栽、切花等。

德国鸢尾

别　名：神圣小鸢尾
科　属：鸢尾科，鸢尾属
原产地：欧洲中部和南部

 喜温暖、阳光充足的环境　　 生长期进行2次追肥

 14 ~ 28℃　　 生长期保持土壤湿润

特征 多年生草本植物。根状茎粗壮而肥厚，常分枝；叶直立或略弯曲，淡绿色、灰绿色等，剑形；苞片3枚，绿色，卵圆形或宽卵形，内包含有1 ~ 2朵花；花大，花色多为淡紫、蓝紫、深紫或白等色。

应用 用于花坛、花境、地被栽植或作盆栽、切花等。

日本鸢尾

别　名：蝴蝶花、兰花草
科　属：鸢尾科，鸢尾属
原产地：中国、日本、韩国

 喜阳光充足的环境

 生长旺季薄肥勤施

 18 ~ 20℃

 生长期每 7 天浇水 1 次

特征 多年生草本植物。根状茎粗直立；叶基生，暗绿色，近地面处带红紫色，剑形；花茎直立，顶生稀疏总状聚伞花序；苞片叶状，3 ~ 5 枚，宽披针形或卵圆形，其中包含有 2 ~ 4 朵花，花色为淡蓝或蓝紫。

应用 用于园林、花坛栽植等。

黄菖蒲

别　名：水烛、黄鸢尾
科　属：鸢尾科，鸢尾属
原产地：欧洲

 喜温暖、阳光充足的环境

 生长期施肥 2 ~ 3 次

 15 ~ 30℃

 保持土壤湿润或栽于 2~3 厘米的浅水

特征 多年生湿生或挺水宿根草本植物。植株高大，根茎短粗；叶子茂密，基生，绿色，长剑形，中肋明显，并有横向网状脉；花茎稍高出于叶，垂瓣上部长椭圆形，有褐色斑纹或无，旗瓣淡黄色。

应用 用于湿地、河边、池边栽植或作盆栽等。

虞美人

别　名：丽春花、赛牡丹、仙女蒿
科　属：罂粟科，罂粟属
原产地：欧洲

喜温暖、阳光充足的环境

开花前后各施肥1次

5 ~ 25℃

每3 ~ 5天浇水1次

特征 一年生草本植物。茎直立，有分枝；叶互生，叶片轮廓披针形或狭卵形，羽状分裂，下部全裂，最上部粗齿状羽状浅裂；花单生于茎和分枝顶端；花蕾长圆状倒卵形，下垂；萼片2枚，宽椭圆形，绿色，外面被刚毛。

应用 用于花坛、花境栽植，也可作盆栽或作切花用。

花单生于茎和分枝顶端；花蕾长圆状倒卵形；萼片绿色，宽椭圆形；花瓣4枚，圆形或横向宽椭圆形等，全缘，紫红色。

叶互生，叶片为披针形或狭卵形，裂片披针形，最上部粗齿状羽状浅裂，顶生裂片通常较大，小裂片先端均渐尖。

香雪球

别　名：小白花、玉蝶球
科　属：十字花科，香雪球属
原产地：地中海沿岸

特征 多年生草本植物。全珠被毛，毛带银灰色；茎自基部向上分枝，常呈密丛；叶条形或披针形；花序伞房状，花梗丝状；花瓣淡紫色或白色，长圆形，顶端钝圆，基部突然变窄成爪。

应用 用于岩石园、花坛、花境栽植或作盆栽等。

 喜阳光充足的环境　　 薄肥勤施，量少次多

15 ~ 25℃　　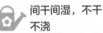 间干间湿，不干不浇

番红花

别　名：藏红花、西红花
科　属：鸢尾科，番红花属
原产地：欧洲南部

特征 多年生草本植物。球茎扁圆球形，外有黄褐色的膜质包被；叶基生，9 ~ 15 枚，条形，灰绿色，边缘反卷；叶丛基部包有4 ~ 5 枚膜质的鞘状叶；花茎甚短，花1 ~ 2 朵，淡蓝色、红紫色或白色，有香味。

应用 用于庭院、地被栽植或作盆栽等。

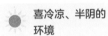 喜冷凉、半阴的环境　　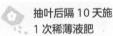 抽叶后隔 10 天施1 次稀薄液肥

 10 ~ 15℃　　 保持土壤湿润

罂粟

别　名：鸦片、大烟、阿芙蓉
科　属：罂粟科，罂粟属
原产地：南欧、印度等

特征 一年生草本植物。茎高30 ~ 80厘米，分枝，有伸展的糙毛；叶互生，羽状深裂，裂片披针形或条状披针形，两面有糙毛；花单生；花蕾卵球形，有长梗，未开放时下垂；萼片绿色；花瓣 4 枚，紫红色。

应用 用于药用、科研应用栽植等。

 喜阳光充足的环境　　 开花前追 1 ~ 2次肥

12 ~ 20℃　　保持土壤湿润

梭罗树

别　名：梭罗木
科　属：梧桐科，梭罗树属
原产地：中国

 特征 乔木植物，高可达 16 米；树皮灰褐色，有纵裂纹；小枝幼时被星状短毛；叶革质，卵形或椭圆形，顶端渐尖或急尖，基部钝形、圆形或浅心形，叶面被稀疏的短柔毛或几乎无毛，背面密被星状短柔毛。

应用 用作观赏花木、庭园栽植等。

 喜光照充足的环境，耐半阴

 保持土壤肥沃

15 ~ 23℃

保持土壤湿润，排水通畅

毛刺槐

别　名：毛洋槐、红花槐
科　属：蝶形花科，刺槐属
原产地：北美

 特征 落叶乔木或灌木植物。二年生枝深灰褐色，密被褐色刚毛，枝及花梗密被红色刺毛；奇数羽状复叶，小叶 7 ~ 15 枚，近圆或长圆形；总状花序，花 3 ~ 8 朵；苞片卵状披针形；花冠红色至玫瑰红色。

应用 用于行道树、用材林的栽植等。

 喜光照充足的环境

 保持土壤肥沃

8 ~ 14℃

保持土壤湿润，排水通畅

昙花

别　名：昙华、鬼仔花
科　属：仙人掌科，昙花属
原产地：墨西哥、危地马拉等

 特征 附生肉质灌木植物。植株高为 2 ~ 6 米；分枝较多，叶状侧扁，披针形至长圆状披针形，边缘波状或有深圆齿，深绿色。花单生于枝侧的小窠，漏斗状，夜间开放，芳香；瓣状花被片白色，倒卵状披针形至倒卵形。

应用 用作盆栽置于窗台或者卧室等。

 喜温暖湿润的半阴环境

 生长期每半月施 1 次腐熟饼肥水

15 ~ 25℃

生长期保持土壤湿润

龙须海棠

别　名：松叶菊
科　属：番杏科，日中花属
原产地：南非

 性喜温暖、阳光
充足的环境

 每 20 天施 1 次
腐熟稀薄液肥

 15 ~ 28℃

 生长期保持土壤
稍干燥，忌积水

特征 多年生常绿亚灌木状多肉植物。植株平卧
生长，多分枝。叶片对生，肉质，肥厚多汁，
形状为三棱状线形，有龙骨状突起，叶片
绿色，被有白粉；花单生，有紫红、黄、
橙等色；花期春末夏初。

应用 可作花坛栽植或盆栽和吊盆点缀阳台、窗
台等处。

大花犀角

别　名：海星花、臭肉花
科　属：萝藦科，豹皮花属
原产地：南非

 喜温暖、阳光充
足的环境

 每 15 天施 1 次
稀薄饼肥水

 22 ~ 30℃

 见干见湿，土壤
干则浇水

特征 多年生肉质草本植物。茎粗，直立向上，
呈四角棱状，高 20 ~ 30 厘米；基部有灰
绿色的齿状突起，像犀牛角；花大，淡黄色，
5 裂张开，星形，极像海星，具有淡黑紫
色横斑纹，边缘密生长细毛。

应用 可作盆栽摆放在窗台、阳台或客厅等。

长寿花

别　名：寿星花，假川莲，圣诞伽蓝菜
科　属：景天科，伽蓝菜属
原产地：非洲马达加斯加岛

 全日照或半日照

 每15天施1次稀薄液肥

 15～25℃

 每3天浇1次水，保持盆土湿润

(特征) 常绿多年生植物。单叶相对互生，叶片长圆状匙形或椭圆形，边缘呈锯齿状；绿色，叶片边缘呈红色；花序的顶端聚集花朵，呈伞状，每株有花序5～7个，着花60～250朵；花朵颜色分别有绯红、橙红、黄和白色等；花被管纤细，圆筒状。

(应用) 可摆放在客厅的一角、卧室或书房等。

聚伞花序，挺直，每株有花序5～7个，着花60～250朵。花高脚碟状，花色丰富，有绯红、橙红、黄和白色等。

叶片肉质，密集翠绿，单叶对生，长圆状匙形或椭圆形，叶片上部叶缘有波状钝齿，下部全缘，叶边略带红色。

蟹爪兰

别　名：蟹爪莲、仙指花
科　属：仙人掌科，蟹爪兰属
原产地：巴西

喜阳光，冬季需要充足的光照

适量施用稀释饼肥水

18 ~ 23℃

盆土干燥时再浇水

特征 多年生肉质附生小灌木植物。茎部多节，扁平如叶状，通体鲜绿，边缘长有较粗的锯齿；开的花颜色多样，有淡紫、黄、红、白等，生于茎部顶端；因其分节部位形似螃蟹的副爪，故名"蟹爪兰"。

应用 用作垂吊在阳台、室内的装饰品等。

绯花玉

别　名：瑞昌玉
科　属：仙人掌科，裸萼球属
原产地：阿根廷安第斯山脉

喜温暖、光照充足的环境

每 10 ~ 15 天施 1 次腐熟饼肥水

18 ~ 25℃

土壤不干不浇，浇则浇透

特征 扁球状。直径约 10 厘米，有棱 8 ~ 16 道，刺针状，每刺座有 5 根灰色周刺；中刺或有 1 根，稍粗，骨色或是褐色；花顶生，长 3 ~ 5 厘米，花为白色、红色或玫瑰红色；果实为纺锤状，深灰绿色。

应用 可作盆栽布置书房、窗台、客厅等。

沙漠玫瑰

别　名：天宝花
科　属：夹竹桃科，天宝花属
原产地：肯尼亚、坦桑尼亚

 喜高温、阳光充足的环境

 全年施肥 2 ～ 3 次即可

 20 ～ 30℃

 见干见湿，土壤干则浇水

特征 多肉灌木或小乔木植物。单叶互生，集生枝端，倒卵形至椭圆形，先端钝而短尖，革质；总状花序，顶生，花 10 余朵，花形似小喇叭状，长 8 ～ 10 厘米；花冠 5 裂，有玫红、粉红、白等色。

应用 可用于庭院栽植或作盆栽置于窗台、阳台等。

总状花序，有花 10 余朵；花冠漏斗状，5 裂，外面有短柔毛，裂片的边缘为波状。有粉红、玫红、白等花色。

单叶互生，革质，有光泽，倒卵形至椭圆形，全缘，先端钝而短尖，腹面深绿色，背面则为灰绿色。

白花荇菜

别　名：金银莲花
科　属：睡莲科，荇菜属
原产地：热带地区水域

特征 多年生水生草本植物。茎圆柱形；顶生单叶，叶飘浮，近革质，宽卵圆形或近圆形；花多数，簇生节上；花萼分裂至近基部，裂片长椭圆形至披针形；花冠白色，基部黄色，冠筒短，裂片卵状椭圆形。

应用 用于水池栽植或作盆栽等。

☀ 喜温暖、光照充足的环境	❀ 施足基肥
🌡 25 ~ 30℃	💧 盆栽水深10厘米即可

荇菜

别　名：水荷叶
科　属：龙胆科，荇菜属
原产地：中国

特征 多年生水生草本植物。茎圆柱形，多分枝，密生褐色斑点，节下生根；上部叶对生，下部叶互生，叶片飘浮，近革质，圆形或卵圆形；花常多数，簇生节上；花萼分裂近基部；花冠金黄色，裂片宽倒卵形。

应用 用于池塘栽植或作盆栽等。

☀ 喜阳光充足的环境	❀ 生长期追肥1 ~ 2次
🌡 5 ~ 25℃	💧 初期浅水，后逐渐加深水位

溪荪

别　名：东方鸢尾
科　属：鸢尾科，鸢尾属
原产地：中国、内蒙古

特征 多年生草本植物。根状茎粗壮；叶宽线形，基部鞘状；花茎实心，有1 ~ 2枚茎生叶；苞片3枚，披针形，绿色，膜质；花2 ~ 3朵，蓝色，花被片6枚，2轮排列，外花被片倒卵形，内花被片3裂，狭倒卵形；蒴果三棱状圆柱形。

应用 用于庭院、公园栽植或作盆栽、切花等。

全日照或半日照	每30天施肥1次
🌡 15 ~ 25℃	💧 保持土壤湿润

菖蒲

别　名：香蒲、野菖蒲、山菖蒲
科　属：天南星科，菖蒲属
原产地：中国、日本

 半日照

 生长期追肥
2 ~ 3次

🌡 20 ~ 25℃

保持土壤湿润

特征 多年生草本植物。根茎横走，稍扁，分枝，外皮黄褐色，芳香，肉质根多数，有毛发状须根；叶基生，叶片剑状线形，基部宽，中部以上渐狭，绿色；花序柄三棱形；叶状佛焰苞剑状线形；花黄绿色。

应用 用于庭院、水景花园或作盆栽等。

马蔺

别　名：马莲、马兰、马兰花
科　属：鸢尾科，鸢尾属
原产地：中国、日本等

 喜温暖、光照充
足的环境

 施足基肥

🌡 22 ~ 25℃

 见干见湿，土壤
干则浇水

特征 多年生密丛草本植物。根茎叶粗壮，须根稠密发达；叶基生，灰绿色，条形或狭剑形；苞片3 ~ 5枚，草质，绿色，边缘白色，披针形，内包含2 ~ 4朵花；花为浅蓝、蓝或蓝紫色，花被上有深色条纹。

应用 用于庭院、水景栽植或作盆栽等。

玉蝉花

别　名：花菖蒲
科　属：鸢尾科，鸢尾属
原产地：中国、日本等

 喜温暖、光照充足的环境

 秋季施腐熟有机肥

 20 ~ 25℃

 保持土壤湿润

特征 多年生宿根挺水型水生花卉。根状茎短而粗；叶基生，条形，叶片中脉凸起；花葶直立，并伴有退化叶 1 ~ 3 枚；外轮 3 枚花瓣呈椭圆形至倒卵形，中部有黄斑和紫纹，立瓣狭倒披针形；蒴果长圆形。

应用 用于庭院、公园栽植或作盆栽、切花等。

苞片 3 枚，近革质，披针形，包含有 2 朵花；花深紫色，狭披针形或宽条形；外花被裂片为倒卵形。

叶片为条形，顶端渐尖或长渐尖，基部为鞘状，两面中脉较明显；花茎圆柱形，有 1 ~ 3 枚茎生叶。

125

芡实

别　名：鸡头米、雁头、乌头
科　属：睡莲科，芡属
原产地：不详

 喜温暖、光照充足的环境

 适量施肥，以尿素、磷肥为主

 20 ~ 25℃

 适宜水深 0.4 ~ 1.5 米

（特征）一年生大型水生草本植物。沉水叶箭形或椭圆肾形，两面无刺；叶柄无刺；浮水叶革质，椭圆肾形至圆形，下面带紫色，有短柔毛；萼片披针形；花瓣矩圆披针形或披针形，紫红色；浆果球形，污紫红色。

（应用）用于园林栽植或庭院栽植等。

水烛

别　名：蒲草、水蜡烛、狭叶香蒲
科　属：香蒲科，香蒲属
原产地：中国、日本等

 喜温暖、光照充足的环境

 生长期每30天施肥1次

 15 ~ 30℃

 保持土壤湿润

（特征）水生或沼生多年草本植物。植株高大，根状茎乳黄色、灰黄色；地上茎直立，粗壮，叶片较长，上部扁平，中部以下腹面微凹；叶鞘抱茎；雌花序粗大；叶状苞片有1 ~ 3枚，开花后脱落；小坚果长椭圆形。

（应用）用于湿地、水景栽植等。

凤眼莲

别　名: 凤眼蓝、水葫芦
科　属: 雨久花科, 凤眼蓝属
原产地: 巴西

☀ 喜温暖、光照充足的环境

❀ 开花前后适当施肥

🌡 18 ～ 25℃

🔒 适宜水深10厘米

特征　浮水草本。须根发达；茎极短，有长匍匐枝；叶在基部丛生，一般 5 ～ 10 枚，叶片圆形、宽卵形或宽菱形；穗状花序，通常具有 9 ～ 12 朵花；花被裂片 6 枚，花瓣状，卵形、长圆形或倒卵形，紫蓝色。

应用　用于水池、园林水景栽植或作盆栽等。

梭鱼草

别　名: 北美梭鱼草、海寿花
科　属: 雨久花科, 梭鱼草属
原产地: 北美

☀ 喜温暖、光照充足的环境

❀ 开花前后适当施肥

🌡 15 ～ 30℃

🔒 保持土壤湿润

特征　多年生挺水或湿生草本植物。地下茎粗壮，黄褐色；叶柄绿色，圆筒形，横切断面有膜质物；叶片光滑，呈橄榄色，倒卵状披针形；穗状花序顶生，小花密集在 200 朵以上，蓝紫色带黄斑点，花被裂片 6 枚。

应用　用于园林、水池栽植或作盆栽等。

Part 2

常见
观叶植物

观叶植物一般指叶形和叶色都比较美丽的植物，
如羊蹄形的羊蹄甲叶和掌状的鹅掌柴叶等。
不同种类植物的叶片大小、形状、颜色和质地等
各不相同，即便是同一植株也会有差异。
将观叶植物放置在室内，不仅可以净化空气、
美化环境，还能给人以生机盎然和优美的感觉。

吊兰

别　名：垂盆草、挂兰、钓兰
科　属：百合科，吊兰属
原产地：南非

 喜温暖、半阴
的环境

 每 7 ~ 10 天施
1 次有机肥液

 15 ~ 25℃

 保持土壤湿润

特征 多年生常绿草本植物。根状茎平生或斜生，有肥厚的根；叶丛生，线形，似兰花。或间有绿色、黄色条纹；花茎从叶丛抽出，长成匍匐茎在顶端抽叶成簇；花白色，常 2 ~ 4 朵簇生，排成疏散的总状花序或圆锥花序。

应用 用于庭院栽植或作盆栽等。

金心吊兰

别　名：中斑吊兰、斑叶吊兰
科　属：百合科，吊兰属
原产地：南非

 喜温暖、半阴的
环境

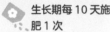 生长期每 10 天施
肥 1 次

 15 ~ 25℃

 保持土壤湿润

特征 常绿多年生草本植物。地下部有根茎，叶细长，线状披针形，中心有黄白色纵条纹；基部抱茎，鲜绿色；叶腋抽生匍匐枝，伸出株丛，弯曲向外，顶端着生带气生根的小植株；花白色，花被 6 枚。

应用 用于庭院、路边栽植或作盆栽等。

银边吊兰

别　名：银边兰、金边草
科　属：百合科，吊兰属
原产地：非洲南部

 喜温暖、半阴的
环境

 生长期每 10 天
施肥 1 次

 20 ~ 28℃

 保持土壤湿润

特征 常绿草本植物。有根茎和肉质根；叶基生，宽线形宽 1 ~ 2 厘米，长 30 厘米左右，绿色，边缘为白色；花梗细长，超出叶上，花梗弯曲，顶端着花 1 ~ 6 朵，总状花序，花白色，花被 2 轮。

应用 用来装点山石等，或作盆栽悬于廊下、窗前等。

狐尾天门冬

别　名：狐尾武竹
科　属：百合科，天门冬属
原产地：南非

特征 多年生草本常绿藤本植物。植株丛生，茎直立生长，稍有弯曲，但不下垂；叶片细小呈鳞片状或柄状，3～4枚呈辐射状生长，叶片及茎均为鲜绿色；小花白色；浆果小球状，初为绿色，成熟后呈鲜红色。

应用 用于布置花坛、花镜、园林小品或作盆栽。

 喜温暖、光照充足的环境　　 生长期每 7 天施 1 次腐熟液肥

 15 ～ 25℃　　 土壤干则浇，浇则浇足

文竹

别　名：云片竹、山草、鸡绒芝
科　属：龙舌兰科，天门冬属
原产地：南非

特征 攀缘植物。根部稍肉质，茎柔软丛生，细长。茎的分枝极多，近平滑。叶状枝通常每 10 ～ 13 枚成簇，略有 3 棱；鳞片状叶基部稍有刺状距或距不明显；花通常每 1 ～ 3 朵腋生，白色，有短梗。

应用 用于庭院栽植或作盆栽等。

 喜温暖、半阴的环境　　 每 30 天施 1 次腐熟液肥

 15 ～ 25℃　　 土壤干则浇，浇则浇足

丝兰

别　名：软叶丝兰、洋菠萝
科　属：龙舌兰科，丝兰属
原产地：北美

特征 茎很短或不明显。叶近莲座状簇生，坚硬，近剑形或长条状披针形，长 25 ～ 60 厘米，顶端有 1 个硬刺，边缘有许多稍弯曲的丝状纤维；花葶高大而粗壮；花近白色，下垂，排成狭长的圆锥花序。

应用 用于道旁、庭院、花坛、园林栽植或作盆栽等。

 全日照或半日照　　 生长期每 15 天施肥 1 次

 22 ～ 30℃　　 保持土壤湿润

虎尾兰

别　名：虎皮兰、千岁兰、锦兰
科　属：龙舌兰科，虎尾兰属
原产地：非洲西部、亚洲南部

 全日照或半日照　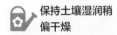 生长期每 30 天施 1 ~ 2 次稀薄液肥

20 ~ 30℃　保持土壤湿润稍偏干燥

特征 多年生草本观叶植物。有根状茎；叶基生，肉质线状披针形，硬革质，直立，基部稍呈沟状；暗绿色，两面有浅绿色和深绿相间的横向斑带。花淡绿色或白色，每 3 ~ 8 朵簇生，排成总状花序。

应用 用于庭院、园林栽植或作盆栽等。

圆叶虎尾兰

别　名：筒叶虎尾兰、棒叶虎尾兰
科　属：龙舌兰科，虎尾兰属
原产地：非洲

 喜温和阳光，忌暴晒　 每 15 天施 1 次腐熟的稀薄液肥

 18 ~ 20℃　 土壤很干燥时，充分浇 1 次水

特征 多年肉生草本植物。茎较短或没有茎，叶肉质，细圆棒状，顶端尖而细，质硬，直立生长，有时稍弯曲。叶子表面为暗绿色，夹杂有横向的灰绿色的虎纹斑；总状花序，呈白色或者淡粉色。

应用 用作室内、商场的中型盆栽等。

变叶木

别　名：洒金榕、变色月桂
科　属：大戟科，变叶木属
原产地：亚洲马来半岛至大洋洲

☀ 喜高温、光照充
足的环境

🌡 20 ~ 30℃

🌸 生长期每 3 ~ 5
天施薄肥 1 次

💧 保持土壤湿润，
冬季则稍干燥

特征 常绿灌木或小乔木植物。高 1 ~ 2 米，单
叶互生，厚革质，叶片形状为披针形至椭
圆形，边缘全缘或者分裂，波浪状或螺旋
状扭曲，叶片上常具有白、紫、黄、红色
的斑块和纹路；总状花序腋生，雌雄同株
异序。

应用 用于公园、绿地、庭院栽培或作盆栽等。

凤尾兰

别　名：凤尾丝兰、菠萝花
科　属：龙舌兰科，丝兰属
原产地：北美东部、东南部

☀ 全日照或半日照

🌡 22 ~ 30℃

🌸 春秋两季各施 2
次氮磷钾复合肥

💧 土壤干则浇水

特征 常绿灌木植物。株高 50 ~ 150 厘米，有茎，
有时分枝；叶密集，螺旋排列茎端，质坚
硬，有白粉，剑形，顶端硬尖，边缘光滑，
老叶有时有疏丝；圆锥花序，高 1 米多，
花大而下垂，乳白色，常带红晕。

应用 用于庭院、草坪、绿篱栽植或作盆栽等。

富贵竹

别　名： 竹塔、万年竹、力寿竹
科　属： 百合科，龙血树属
原产地： 喀麦隆

多年生常绿草本植物。株高 1 米以上，植株细长，直立，上部有分枝；叶互生或近对生，纸质，长披针形，有短柄，浓绿色；伞形花序，有花 3 ～ 10 朵生于叶腋或与上部叶对花，花被 6 枚，花冠钟状，紫色。

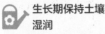 用于园圃栽植或作盆栽等。

 喜高温、半阴的环境

20 ～ 28℃

平均每 30 天可施 1 次肥

生长期保持土壤湿润

金边富贵竹

别　名： 万寿竹、仙达龙血树
科　属： 龙舌兰科，龙血树属
原产地： 刚果、喀麦隆

常绿灌木植物。茎干纤细，直立，基部分枝，高 1.5 米，宽 40 厘米；叶片互生，披针形，叶缘扭曲，浓绿色，具有光泽，长 15 ～ 25 厘米；叶面中脉两侧为黄色纵带，秀雅绚丽，加之姿态潇洒，富有竹韵。

 用于园圃栽植或作盆栽、切花配料等。

 喜高温、阳光充足的环境

20 ～ 30℃

生长期薄肥勤施

保持土壤湿润

紫苏

别　名： 红苏、白紫苏、苏麻
科　属： 唇形科，紫苏属
原产地： 中国

一年生草本植物。叶片多皱缩卷曲，完整者展平后呈卵圆形，边缘有圆锯齿，两面紫色或上面绿色；叶柄长 2 ～ 5 厘米，紫色或紫绿色。轮伞花序 2 朵，组成顶生及腋生总状花序；苞片宽卵圆形或近圆形；花萼钟形。

 用于庭院栽植或作盆栽等。

喜阳光充足的环境

18 ～ 28℃

在封垄前集中施肥

干旱时每 2 ～ 3 天浇 1 次水

罗勒

别　名： 九层塔、金不换
科　属： 唇形科，罗勒属
原产地： 非洲、美洲、亚洲热带地区

（特征）一年生草本植物。茎直立，钝四棱形，上部被倒向微柔毛，绿色，常染有红色；叶卵圆形至卵圆状长圆形；总状花序顶生于茎、枝上，由多数有6朵交互对生的轮伞花序组成；花萼钟形；花冠淡紫色。

（应用）用于庭院栽植或作盆栽等。

 喜温暖、光照充足的环境　　 每1～2个月施1次液肥

 20～30℃　　 保持土壤湿润

紫罗勒

别　名： 紫叶九层塔
科　属： 唇形科，罗勒属
原产地： 地中海沿岸

（特征）一年生草本植物，是罗勒的栽培变种。株高20～40厘米，茎钝方形，全株暗紫红色；叶对生，卵形或长椭圆形，叶面微皱，叶缘有不规则锯齿状浅裂；花期在夏季，轮伞花序6朵，花排列成假总状花序，花较小，白色。

（应用）用于庭院、花坛栽植或作盆栽等。

 喜温暖、光照充足的环境　　 每2～3个月施肥1次

 18～28℃　　 保持土壤湿润

红桑

别　名： 血见愁、铁苋菜
科　属： 大戟科，铁苋菜属
原产地： 太平洋岛屿

（特征）灌木植物。高1～4米；嫩枝被短毛；叶纸质，阔卵形，古铜绿色或浅红色，常有不规则的红色或紫色斑块顶端渐尖；托叶狭三角形，有短毛；通常雌雄花异序，苞片卵形，苞腋有雄花9～17朵，成团伞花序。

（应用）用于庭院、园林栽植或作盆栽等。

 喜高温、光照充足的环境　　 施足基肥，每采收1次后施肥1次

 20～30℃　　 保持土壤湿润

雪花木

别　名: 白雪树、彩叶山漆茎
科　属: 大戟科，黑面神属
原产地: 玻利维亚

特征 常绿小灌木植物。叶互生，排成 2 列，圆形或阔卵形，小枝似羽状复叶，叶缘有白色或有白色斑纹；嫩时白色，成熟时绿色带有白斑，老叶绿色；花小，有红、橙、黄等色，花期夏、秋两季。

应用 用于庭院、公园、绿篱栽植等。

喜高温、光照充足的环境

春、夏季施肥2 ~ 3 次

22 ~ 30℃

间干间湿

红背桂

别　名: 红背桂花、紫背桂
科　属: 大戟科，海漆属
原产地: 中国、越南等

特征 常绿灌木植物，高达 1 米；枝无毛，多皮孔；叶对生，稀兼有互生或近 3 片轮生，纸质，叶片狭椭圆形或长圆形，顶端长渐尖，基部渐狭，边缘有疏细齿，两面均无毛，腹面绿色，背面紫红或血红色。

应用 用于庭院、公园栽植或用于盆栽等。

半日照

生长期每 15 天施1 次复合肥

15 ~ 25℃

保持土壤偏湿润

猩猩草

别　名: 老来娇、草本一品红
科　属: 大戟科，大戟属
原产地: 美洲热带地区

特征 常绿或半常绿灌木植物。茎直立而光滑，质地松软，髓部中空，全身有乳汁；单叶互生，卵状椭圆形至阔披针形；开花时枝顶的节间变短，上面簇生出红色的苞片，苞片和叶片相似，雌雄同株异花。

应用 用于庭院、花园、植物园栽植或作盆栽、切花等。

喜高温、光照充足的环境

生长期每 15 天施肥 1 次

20 ~ 30℃

土壤干则浇，浇则浇透

白脉椒草

别　名：弦月椒草
科　属：胡椒科，椒草属
原产地：不详

特征 多年生草本植物。植株易丛生，高
20 ~ 30 厘米；茎直立，红褐色；叶质厚，
有红褐色短柄，叶片椭圆形，叶端凸起，
呈尖形，叶色深绿，新叶略呈红褐色，叶
面有 5 条凹陷的月牙形白色脉纹。

应用 可作中小型盆栽置于案头、书桌、窗台等处。

 喜温暖、湿润的
半阴环境

生长期每 20 天
施 1 次腐熟液肥

20 ~ 30℃

保持盆土湿润

沿阶草

别　名：麦冬、绣墩草
科　属：百合科，沿阶草属
原产地：不详

特征 地被植物。地下走茎长，节上有膜质的鞘；
叶基生成丛，禾叶状，先端渐尖，边缘有
细锯齿；总状花序，有花几朵至十几朵；
花常单生或 2 朵簇生于苞片腋内；苞片条
形或披针形，少数呈针形，稍带黄色。

应用 用于草坪、地被栽植或作盆栽等。

 全日照或半日照

 6 月份施肥 2 次

 16 ~ 28℃

保持土壤湿润

玉带草

别　名：花茅毛、马草草、五色带
科　属：禾本科，芦竹属
原产地：地中海地区

特征 多年生宿根草本植物。秆高 1 ~ 3 米，茎
部粗壮近木质化；叶互生，排成两列，有
白色条纹；叶片宽条形，抱茎，边缘浅黄
色条或白色条纹；圆锥花序，小穗通常含
4 ~ 7 朵小花，花序形似毛帚。

应用 用于庭院、花坛、花境栽植或作盆栽等。

 喜温暖、光照充
足的环境

 每月施肥 1 次

 15 ~ 28℃

保持土壤湿润

凤尾竹

别　名：米竹、筋头竹、蓬莱竹
科　属：禾本科，簕竹属
原产地：中国南部

 喜光照充足的环境

 生长期每 30 天施 1 ~ 2 次稀薄氮肥

 18 ~ 30℃

 保持土壤湿润

特征 常绿丛生灌木植物。秆高 1 ~ 3 米；梢头微弯，节间长 16 ~ 20 厘米，壁薄；竹秆深绿色，被稀疏白色短刺，幼时可见白粉，秆环不明显；箨环有木栓环而显著隆起或下翻，其上密被向下倒伏的棕色长绒毛。

应用 用于绿篱、庭院、园林栽植或作盆栽等。

芦竹

别　名：荻芦竹、江苇、旱地芦苇
科　属：禾本科，芦竹属
原产地：中国广东、海南等

 喜温暖、光照充足的环境

 一般 1 年可追肥 2 次

 22 ~ 25℃

 保持土壤湿润

特征 多年生草本植物。根状茎发达。秆粗大，高 3 ~ 6 米，有多数节，常生分枝；叶鞘长于节间，无毛或颈部有长柔毛；叶舌截平，先端有短纤毛；叶片扁平，基部白色，抱茎；圆锥花序，分枝稠密。

应用 用于庭院、园林、水景栽植或作盆栽等。

剑麻

别　名：菠萝麻
科　属：龙舌兰科，龙舌兰属
原产地：墨西哥

喜高温、光照充足的环境

每30天施肥1次

27 ~ 30℃

保持土壤湿润稍干燥

特征 多年生草本植物。茎粗短；叶呈莲座式排列，一株剑麻通常可产生200 ~ 250枚叶子，叶片刚直，肉质，剑形，初被白霜，后渐脱落而呈深蓝绿色，表面凹，背面凸；圆锥花序，花黄绿色；花被裂片为卵状披针形。

应用 用于庭院、公园、花坛栽植或作盆栽等。

薄荷

别　名：野薄荷、夜息香、升阳菜
科　属：唇形科，薄荷属
原产地：欧、亚、非大陆

喜阳光充足的环境

施足基肥，生长期追肥2 ~ 3次

25 ~ 30℃

生长期每15天浇水1次

特征 多年生草本植物。茎直立，锐四棱形，有4槽，上部被有柔毛；叶片为长圆状披针形、披针形、椭圆形或卵状披针形，基部楔形至近圆形，边缘在基部以上疏生有粗大的牙齿状的锯齿；轮伞花序腋生，轮廓为球形。

应用 用于庭院、园林栽植或作盆栽等。

金边虎皮兰

别　名：金边虎尾兰、虎皮兰
科　属：龙舌兰科，虎尾兰属
原产地：北非

 喜温暖、光照充足的环境

 生长期每 7 天施薄肥 1 次

 20 ~ 25℃

 土壤干则浇水

（特征）多年生肉质草本植物。根茎部卷成筒状，叶片抽出时为筒状，随着叶片逐步升高，会渐渐展开平生。叶片革质，肥厚，形状为剑形，叶色浅绿，叶片边缘为黄色宽边，叶中间为绿、白色横纹。

（应用）用于庭院、园林栽植或作盆栽等。

龙舌兰

别　名：龙舌掌、番麻
科　属：龙舌兰科，龙舌兰属
原产地：美洲热带地区

 喜阳光充足的环境

 生长期每 30 天施肥 1 次

 15 ~ 25℃

 生长期保持土壤湿润

（特征）多年生草本植物。叶呈莲座式排列，通常 30 ~ 40 枚，大型，肉质，倒披针状线形；长 1 ~ 2 米，叶缘具有疏刺，顶端有 1 硬尖刺，刺暗褐色；大型圆锥花序，长达 6 ~ 12 米，多分枝；花黄绿色。

（应用）用于庭院、园林栽植或作盆栽等。

蕉芋

别　名：蕉藕、姜芋
科　属：美人蕉科，美人蕉属
原产地：南美洲、印度群岛

 喜高温、光照充足的环境

 15 ~ 30℃

 生长旺季每月追肥 3 ~ 4 次

生长期每天向叶面喷水 1 ~ 2 次

特征 多年生草本植物，高达 3 米。有块状根茎，紫色，直立，粗壮。叶互生；叶柄短；叶鞘边缘紫色；叶片长圆形，表面绿色，边缘或背面紫色；有羽状的平行脉。总状花序疏散，花单生或 2 朵簇生。

应用 用于庭院、公园、池塘边栽植或作盆栽等。

苏铁

别　名：铁树、凤尾铁、凤尾松
科　属：苏铁科，苏铁属
原产地：中国、日本等

 全日照或半日照

 20 ~ 30℃

 生长期每 7 天施 1 次稀薄液肥

 保持土壤湿润

特征 常绿棕榈状木本植物，高约 2 米。羽状叶从茎的顶部生出，轮廓呈倒卵状狭披针形；羽状裂片达 100 对以上，条形，厚革质，坚硬；雄球花圆柱形，有短梗；花药通常 3 个聚生。

应用 用于庭院、公园栽植或作盆栽等。

朱蕉

别　名：朱竹、铁莲草、红铁树
科　属：龙舌兰科，朱蕉属
原产地：亚洲热带等

特征 灌木植物。茎直立。茎有时稍分枝；叶聚生于茎或枝的上端，矩圆形至矩圆状披针形，绿色或带紫红色，叶柄有槽，基部变宽，抱茎；圆锥花序，侧枝基部有大的苞片，每朵花有 3 枚苞片；花淡红色、青紫色至黄色。

应用 用于庭院栽植或作盆栽等。

- ☀ 全日照或半日照
- 🌸 生长期每 15 天施肥 1 次
- 🌡 20 ~ 25℃
- 💧 保持土壤湿润

亮叶朱蕉

别　名：红边朱蕉、亮叶红铁树
科　属：龙舌兰科，朱蕉属
原产地：中国、印度等

特征 常绿灌木或小乔木植物。高约 3 米，茎干直立，小有分枝；叶片剑形或阔披针形至长椭圆形，绿色，带红色条纹，色泽亮丽；花淡红色至紫色，圆锥花序生于上部叶腋，小花管状；浆果红色。

应用 用于草坪、庭院栽植或作盆栽等。

- ☀ 全日照或半日照
- 🌸 生长期每 15 天施肥 1 次
- 🌡 20 ~ 25℃
- 💧 保持土壤湿润

芋头

别　名：青芋、芋艿、毛芋头
科　属：天南星科，芋属
原产地：印度

特征 多年生块茎植物，常作一年生作物栽培。叶片盾形，叶柄长而肥大，绿色或紫红色；植株基部形成短缩茎，逐渐累积养分肥大成肉质球茎，称为"芋头"或"母芋"，球形、卵形、椭圆形或块状等。

应用 用于庭院、园林栽植等。

- ☀ 喜高温、光照充足的环境
- 🌸 施足基肥，发棵和球茎生长追肥 2 次
- 🌡 20 ~ 30℃
- 💧 保持土壤湿润

花叶万年青

别　名： 黛粉叶
科　属： 天南星科，花叶万年青属
原产地： 南美

特征 常绿灌木状草本植物。茎干粗壮多肉质，株高可达1.5米；叶片大而光亮，着生于茎干上部，椭圆状卵圆形或宽披针形，先端渐尖，全缘；叶鞘近中部下有叶柄；花单性，佛焰花序，佛焰苞呈椭圆形，下部呈筒状。

应用 用于庭院、园林栽植或作盆栽等。

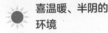 喜温暖、半阴的环境

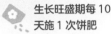 生长旺盛期每10天施1次饼肥

 25～30℃

 保持土壤很湿润

绿萝

别　名： 魔鬼藤、黄金藤、黄金葛
科　属： 天南星科，麒麟叶属
原产地： 所罗门群岛

特征 大型常绿藤本植物。成熟枝上叶柄粗壮，基部稍扩大，叶鞘长，叶片薄革质；翠绿色，通常有多数不规则的纯黄色斑块，全缘，不等侧的卵形或卵状长圆形；先端短渐尖，基部深心形，稍粗，两面略隆起。

应用 用于庭院、园林栽植或作盆栽等。

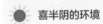 喜半阴的环境

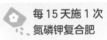 每15天施1次氮磷钾复合肥

 20～30℃

 保持土壤湿润

老人葵

别　名： 华盛顿棕榈、加州蒲葵
科　属： 棕榈科，丝葵属
原产地： 美国、墨西哥

特征 常绿乔木植物。植株高大粗壮，高为18～25米，有较密的环状叶痕；叶大型，呈扇状深裂，裂片灰绿色；花序顶生、大型、直立，圆锥形，高4～5米或更高，序轴上由多数佛焰苞所包被，起初为纺锤形，后裂开。

应用 用于庭院、公园、行道树栽植等。

 喜温暖、光照充足的环境

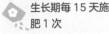 生长期每15天施肥1次

 22～30℃

 保持土壤湿润

纸莎草

别　名：纸草、埃及纸草
科　属：莎草科，莎草属
原产地：欧洲南部、非洲北部等

 喜温暖、光照充足的环境

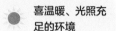 生长期追肥 1～2次

🌡 20～30℃

💧 水位20～30厘米

特征　多年生常绿草本植物。茎秆直立丛生，三棱形，不分枝；叶退化成鞘状，棕色，包裹茎秆基部；总苞叶状，顶生，为带状披针形；花小，淡紫色，呈扇形花簇，长在茎的顶部；瘦果三角形。

应用　用于庭院水景或作盆栽等。

紫芋

别　名：水芋、野芋子、东南芋
科　属：天南星科，芋属
原产地：中国

 全日照或半日照

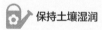 生长期追肥 2～3次

🌡 18～25℃

💧 保持土壤湿润

特征　多年生常绿草本植物。块茎粗厚；侧生小球茎若干枚，倒卵形；叶1～5枚，由块茎顶部抽出；叶柄圆柱形；叶片盾状，卵状箭形；佛焰苞多少有纵棱，绿色或紫色；肉穗花序两性，花黄色、顶部带紫色。

应用　用于水池、湿地栽培或作盆栽等。

柏木

别　名：香扁柏、柏树、黄柏
科　属：柏科，柏木属
原产地：中国

特征 常绿乔木植物，高可达 35 米。树皮为淡褐灰色，小枝细长下垂，生鳞叶的小枝扁，排成一平面。两面同形，绿色，较老的小枝圆柱形，暗褐紫色；雄球花椭圆形或卵圆形，球果圆球形，种子宽倒卵状菱形或近圆形。

应用 用于庙宇、殿堂、庭院栽植等。

 喜阳光充足的环境

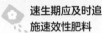 速生期应及时追施速效性肥料

 13 ~ 19℃

 保持土壤湿润

圆柏

别　名：刺柏、柏树、桧
科　属：柏科，圆柏属
原产地：中国、朝鲜等

特征 常绿乔木植物。有鳞形叶的小枝圆或近方形。幼树的叶为刺形，老龄为鳞叶代替，壮龄树兼有刺叶与鳞叶；刺形叶 3 叶轮生或交互对生，斜展或近开展；鳞形叶交互对生紧密，先端钝或稍尖；雌雄异株。

应用 用作绿篱、行道树栽植，还可作桩景、盆景等。

 喜光照充足的环境，略耐半阴

春、夏季施 2 ~ 3 次肥水

 15 ~ 30℃

 保持土壤湿润

黄杨

别　名：山黄杨、千年矮
科　属：黄杨科，黄杨属
原产地：不详

特征 常绿灌木或小乔木植物，高 1 ~ 3 米。茎枝呈四棱形，全面覆盖着短柔毛或外方相对两侧面无毛，节间长 0.5 ~ 2.5 厘米；宽椭圆形或宽倒卵形革质的叶子对生分布，钝头或顶上微有凹缺；春季开花，雌雄同株。

应用 用于盆栽或者园林植被的栽植等。

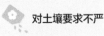 喜光照充足的环境，耐阴

对土壤要求不严

 25 ~ 35℃

 保持土壤湿润

白蜡树

别　名：中国蜡、虫蜡
科　属：木樨科，梣属
原产地：不详

 喜光照充足的环境

 适量追肥即可

 18 ~ 25℃

 保持土壤湿润

特征 落叶乔木植物，树皮为灰褐色，纵裂。芽阔卵形或圆锥形，被棕色柔毛或腺毛；小枝呈黄褐色，粗糙；顶生小叶和侧生小叶等大或稍大，先端锐尖至渐尖，基部钝圆或楔形，边缘有整齐锯齿。

应用 用于庭院树、绿化树的栽植等。

女贞

别　名：白蜡树、冬青
科　属：木樨科，女贞属
原产地：中国

 喜光照充足的环境，耐荫

喜肥，及时追肥

 15 ~ 25℃

 保持土壤湿润

特征 常绿灌木或乔木植物。叶片革质，卵形、长卵形或椭圆形至宽椭圆形，叶缘平坦，上面光亮，两面无毛，中脉在上面凹入，下面凸起，两面稍凸起或有时不明显；圆锥花序顶生着生，呈紫色或是黄棕色。

应用 用于园林观赏或作绿篱栽植等。

月桂

别　名：月桂树、桂冠树
科　属：樟科，月桂属
原产地：地中海一带

 喜温暖、光照充足的环境

每年追肥
2 ~ 3次

 18 ~ 25℃

 土壤干则浇水

特征 常绿小乔木或灌木植物。树冠卵圆形，分枝较低，小枝绿色，全体有香气；叶片互生，革质，广披针形，边缘波状，有醇香；单性花，雌雄异株，伞形花序簇生叶腋间，小花淡黄色；核果椭圆状球形，熟时呈紫褐色。

应用 用于庭院、园林、行道树栽植等。

冬青

别　名：北寄生、槲寄生
科　属：冬青科，冬青属
原产地：不详

☀ 半日照　　🌸 喜肥沃土壤，宜及时追肥

🌡 15 ~ 30℃　　💧 保持土壤湿润

特征 常绿乔木，开花植物。植株高为 2 ~ 25 米。树皮为灰色或淡灰色，带纵沟，小枝呈淡绿色，无毛。叶片薄革质，为狭长的椭圆形或披针形，顶端渐尖。果实椭圆形或近球形，成熟时变为深红色。

应用 用作门庭、门庭或盆栽植物栽植等。

叶片薄革质，狭长椭圆形或披针形，顶端渐尖，基部楔形，边缘有浅圆的锯齿，变干后呈红褐色，有光泽。

冬青果为浆果状核果，椭圆形或近球形，成熟时多为深红色，稀黑色，外果皮膜质或是坚纸质。

147

乌桕

别　名：腊子树、柏子树、蜡烛树
科　属：大戟科，乌桕属
原产地：中国

 喜光照充足的环境，不耐阴

 可在 4 ~ 7 月追施 4 次尿素

 15 ~ 35℃

 保持土壤湿润

特征 乔木植物，高可达 15 米，各部均无毛而有乳状汁液；树皮暗灰色，有纵裂纹；枝广展，有皮孔；叶互生，纸质，叶呈片菱形、菱状卵形或稀有菱状倒卵形；花单性，雌雄同株，聚集成顶生的总状花序。

应用 可作护堤树、庭荫树及行道树等栽植。

侧柏

别　名：香柏、扁柏、扁桧
科　属：柏科，侧柏属
原产地：中国

 喜光照充足的环境，幼时稍喜荫

 苗木速生期结合浇灌进行追肥

 10 ~ 16℃

 幼苗期保持土壤湿润

特征 常绿乔木植物。幼树树冠为尖塔状，老树树冠为广卵形；小枝扁平，排列成 1 个平面；叶小，呈鳞片状，紧贴于小枝上，交叉对生排列，叶背中部有腺槽；雌雄同株，花单性，雄球花黄色，雌球花蓝绿色。

应用 用于庭园绿化、行道树栽植等。

落羽杉

别　名：落羽松
科　属：杉科，落羽杉属
原产地：北美及墨西哥

 喜阳光充足的
环境

 适当追肥

 20 ~ 30℃

 保持土壤湿润

特征 落叶乔木植物，在原产地高达 50 米，胸
径可达 2 米；树干尖削，干基膨大，常有
屈膝状呼吸根；树皮棕色，裂成长条片脱
落；枝条平展，幼树树冠圆锥形，老则呈
宽圆锥状；新生幼枝绿色，冬季变为棕色；
叶条形，扁平；球果球形或卵圆形。

应用 用于庭园、行道树栽植等。

三角槭

别　名：三角枫
科　属：槭树科，槭属
原产地：中国

 喜光照充足的环
境，稍耐阴

 适当追肥

 15 ~ 25℃

 保持土壤湿润

特征 落叶乔木植物。树皮呈褐色或深褐色，粗糙。
小枝细瘦，当年生枝紫色或紫绿色，多年
生枝淡灰色或灰褐色；叶纸质，基部近于
圆形或楔形，椭圆形或倒卵形，长 6 ~ 10
厘米，通常 3 浅裂，裂片向前延伸。

应用 用作庭荫树、行道树的栽植等。

金钱松

别　名：水树
科　属：松科、金钱松属
原产地：中国

特征 乔木植物，高达 40 米，胸径可达 1.7 米；
树干通直，树皮粗糙，呈灰褐色，裂成
不规则鳞片状；枝平展，树冠宽塔形；
一年生长枝淡红褐色或淡红黄色，二至
三年生枝淡黄灰色或淡褐灰色；叶条形。

应用 用作庭院观赏、木材植物的栽植等。

☀ 喜光照充足的环境	🌸 适当追肥
🌡 15 ~ 25℃	💧 保持土壤湿润，排水通畅

垂柳

别　名：柳树、清明柳
科　属：杨柳科，柳属
原产地：中国

特征 落叶乔木植物。高达 12 ~ 18 米，树冠开
展疏散；树皮灰黑色，不规则开裂；枝细，
下垂，淡褐黄色、淡褐色或带紫色，无毛；
芽线形，先端急尖；叶狭披针形或线状披
针形，长 9 ~ 16 厘米，锯齿缘。

应用 用作行道树、园林观赏树栽植等。

☀ 喜光照充足的环境	🌸 保持土壤肥沃
🌡 15 ~ 25℃	💧 保持土壤湿润，排水通畅

鸡爪槭

别　名：鸡爪枫、槭树
科　属：槭树科，槭属
原产地：中国长江流域

特征 落叶小乔木植物。当年生枝紫色或淡紫绿
色，多年生枝淡灰紫色或深紫色；叶片绿
色，纸质，基部心脏形或近于心脏形，5 ~ 9
个掌状分裂，裂片长圆卵形或披针形；叶
形美观，入秋后转为鲜红色，色艳如花。

应用 用于园林观赏或行道树栽植等。

弱阳性，耐半萌	喜肥，及时追肥
🌡 18 ~ 28℃	💧 保持土壤湿润，排水通畅

银杏

别　名：白果、公孙树
科　属：银杏科，银杏属
原产地：中国

 喜阳光充足的
环境

 适当追肥

 10 ~ 18℃

 保持土壤湿润，
排水通畅

特征 落叶大乔木植物。胸径可达 4 米，幼树树
皮近平滑，浅灰色，老树之皮灰褐色，不
规则纵裂，粗糙；幼年及壮年树冠圆锥形，
老则广卵形；叶互生，在长枝上辐射散生，
在短枝上 3 ~ 5 枚呈簇生状，叶柄细长，
扇形。

应用 用于盆景、防护林的栽植等。

金边龙舌兰

别　名：金边莲、金边假菠萝
科　属：龙舌兰科，龙舌兰属
原产地：美洲沙漠地区

 全日照或半日照

 生长期每月施
1 次腐熟饼肥水

 15 ~ 25℃

 生长期保持盆土
稍湿润

特征 多年生常绿草本植物。植株挺拔，呈莲座
状排列；叶丛生，呈剑形，叶长 20 ~ 140
厘米。叶质厚，平滑，绿色，边缘有黄白
色条带镶边，有红色或紫褐色锯齿；花叶
有多数横纹；花黄绿色，肉质。

应用 用于庭院、花坛栽植或作盆栽置于客厅等。

罗密欧

别　名：金牛座
科　属：景天科，拟石莲花属
原产地：德国

 性喜凉爽、阳光充足的环境　　 每月施 1 次磷、钾肥为主的薄肥

 10 ~ 30℃　　生长期每 10 天浇水 1 次

特征 植株株型规正、端庄，呈莲座状。叶片肥厚，倒卵形或匙形，叶尖和叶面光滑，有质感；在温差大、阳光充足的环境下呈紫红色或鲜红色，新叶浅绿色；聚伞状圆锥花序，小花锥状向上，花橙红色，5 瓣。

应用 可作庭院栽植或作盆栽置于阳台等处。

中斑莲花掌

别　名：无
科　属：景天科，莲花掌属
原产地：墨西哥

 性喜温暖、阳光充足的环境　　 生长期适量追肥即可

 15 ~ 28℃　　 生长期保持土壤稍湿润，忌积水

特征 多年生无茎草本植物，是莲花掌的变异品种。植株根茎粗壮，有多数长丝状的气生根。叶片为蓝灰色，中间有脑白斑；叶片近圆形或倒卵形，先端圆钝近平截形，红色，无叶柄。

应用 可作盆栽置于窗台或客厅等处观赏。

子持莲华

别　名：子持年华
科　属：景天科，瓦松属
原产地：日本

- 性喜阳光充足的环境
- 生长期适量追肥即可
- 15～25℃
- 生长期每5～7天浇水1次

特征 肉质植物。植株高可达6厘米，多数叶聚生成莲座状，叶片表面有淡淡的白粉；群生，有匍匐走茎放射状蔓生，落地后会产生新株；叶片形状为倒卵形，先端较尖，绿色。伞房花序顶生，花瓣为白色。

应用 可作盆栽置于阳台或书房观赏等。

皮氏石莲

别　名：蓝石莲
科　属：景天科，拟石莲花属
原产地：墨西哥

- 性喜温暖、阳光充足的环境
- 生长期可适量追肥
- 15～35℃
- 土壤干透则浇水，每次浇透即可

特征 中小型品种。叶片匙型，叶片呈莲座型密集排列，相对比较薄，叶缘光滑无褶皱，有叶尖，叶心绿色，两边是浅黄色或浅白色的锦；叶片有微白粉，新叶色浅、老叶色深；穗状花序，花开倒钟形，黄红色。

应用 可作花坛栽植或盆栽点缀阳台、客厅等。

黄丽

别　名：宝石花
科　属：景天科，景天属
原产地：墨西哥

特征 多年生多肉类植物。植株有短茎，叶肉质，呈莲座状紧密排列，叶片为匙形，松散；表面附蜡质呈黄绿色或金黄色偏红，长期处于阴凉处时叶片呈绿色，光照充足时叶片边缘会泛红；花单瓣，浅黄色。

应用 可作盆栽置于阳台、书房、客厅等。

 性喜阳光充足的环境

 生长期可适量追肥

 15 ~ 28℃　生长期保持盆土稍干燥

波路

别　名：绫锦
科　属：百合科，元宝掌属
原产地：非洲

特征 绫锦芦荟和鲨鱼掌的杂交种，多年生肉质草本植物。莲座叶盘排列紧凑，叶片有40 ~ 50枚，叶深绿色，叶尖稍红，三角形带尖，叶背上部有2条龙骨突，布满白齿状的小硬疣。花基部红色，先端绿色，似鲨鱼掌。

应用 可作园林、花坛栽植或作盆栽等。

 性喜温暖、阳光充足的环境

 生长期可适量追肥

 20 ~ 24℃　生长期保持土壤稍干燥，忌积水

黄金花月

别　名：红边玉树
科　属：景天科，青锁龙属
原产地：南非

特征 属于"玉树"的变种。植株呈灌木状，多分枝。茎圆形，表皮绿色或黄褐色。肉质叶对生，在茎或分枝顶端密生长，叶长卵形，稍内弯；叶片大部分时间为绿色，日照充足时叶片边缘会变红，呈现金黄色。

应用 可作庭院栽植或作盆栽置于客厅、电视机旁等。

 性喜温暖、阳光充足的环境

 生长期可适量追施缓效肥

 15 ~ 30℃　生长期保持土壤稍干燥

花叶寒月夜

别　名：灿烂
科　属：景天科，莲花掌属
原产地：加那利群岛

特征 植株多分枝，叶肉质，聚生于枝头，呈莲座状排列；叶质较薄，叶片倒卵形，边缘有细密的锯齿；叶片中央绿色，边缘黄色或稍带粉红色。此外，还有叶片中央为黄色，边缘为绿色的品种。

应用 用于布置花坛、花境、园林小品或作盆栽。

 性喜凉爽、阳光充足的环境　　 每月可施 1 次腐熟的稀薄液肥

 15 ~ 30℃　　 生长季保持土壤湿润而不积水

翡翠景天

别　名：串珠草、菊丸
科　属：景天科，景天属
原产地：墨西哥

特征 多年生草本植物。植株颜色浅绿；茎叶肉质，茎匍匐生长，长可达 50 厘米；肉质叶抱茎生长，整个株形像玛瑙串珠，是美丽的室内垂吊花卉。只要栽培得当，串珠状的茎、叶悬垂铺在花盆的四周，十分雅致。

应用 可作盆栽点缀窗台等处，还可作悬吊观赏。

 性喜温暖、半阴的环境　　 生长期适量追肥

 15 ~ 25℃　　 生长期保持土壤稍干燥

露娜莲

别　名：露娜、鲁娜莲
科　属：景天科，拟石莲花属
原产地：美国

特征 多年生草本植物。由丽娜莲和静夜杂交而来；叶片倒卵形，先端急尖，叶缘比较圆润，叶片灰绿色，互生，排列紧密呈莲座形，在阳光充足的环境下呈现出淡淡的粉色调，好像玉制小玫瑰；聚伞花序，花淡红色。

应用 可用于花园栽植或作盆栽点缀窗台等处。

 性喜温暖、半阴的环境　　 生长期适量追肥

 10 ~ 25℃　　 春秋生长季保持土壤湿润

霜之朝

别　名：无
科　属：景天科，厚叶石莲属
原产地：墨西哥

特征　多年生无毛多肉植物，由"星美人"和"广寒宫"杂交而来。叶片环状排列，扁长梭形叶片，叶缘圆弧状，叶片肥厚，光滑有白粉，除去白粉后为绿蓝色或灰绿色；总状花序，花朵钟形，串状排列，5～6瓣。

应用　用作盆栽置于阳台或客厅、电脑旁等。

 性喜阳光充足的环境

 生长期可每20天追肥1次

15～25℃

 每10天左右浇水1次，浇透即可

红卷绢

别　名：大赤卷绢、紫牡丹
科　属：景天科，长生草属
原产地：不详

特征　多年生肉质草本植物。植株高约8厘米，丛生，叶片莲座状排列，匙形或长倒卵形，叶片绿色或红色，放射性生长；叶端密生白色短丝毛，状若蜘蛛网；花淡粉红色，聚伞花序；花期为夏季。

应用　可作盆栽摆放在窗台、书桌或几案等。

喜温暖、阳光充足的环境

生长期每月施1次稀薄肥饼水

18～22℃

生长期保持盆土稍湿润

红缘莲花掌

别　名：无
科　属：景天科，莲花掌属
原产地：加那利群岛

特征　多年生肉质草本植物。灌木状，茎根部长有很多分枝；叶片呈莲座状，倒卵形、舌形、肾形，尖端较细；叶质稍厚，蓝绿至灰绿色，叶缘红色至红褐色，有细齿；聚伞花序，花浅黄色，有时带红晕。

应用　可作为盆栽摆放于书房、案头或卧室内。

 喜凉爽、阳光充足的环境

 每15天施1次稀薄液肥

10～25℃

 每15天浇水1次，夏季停止浇水

珍珠吊兰

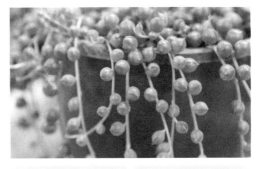

别　名：翡翠球、情人泪、绿之铃
科　属：菊科，千里光属
原产地：非洲南部

特征 多年生多肉草本植物。茎纤细，悬垂，有
很多枝条；肉质叶较小，互生，生长较疏，
椭圆形，肥厚多汁，翠绿如念珠状，中心
有透明纵纹；每年10月份开白色或褐色小
花，头状花序，花蕾为红色细条。

应用 可作走廊、客厅等地悬吊栽培。

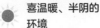 喜温暖、半阴的
环境

 生长期每月施1
次稀薄饼肥水

 20 ~ 28℃

 生长期保持盆土
稍湿润

白雪姬

别　名：白绢草
科　属：鸭跖草科，鸭跖草属
原产地：危地马拉、墨西哥等

特征 多年生肉质草本植物。植株丛生，茎肉质，
短粗，直立或稍匍匐，高为15 ~ 20厘米，
被有浓密的白色长毛；叶片互生，绿色或
褐绿色，长卵形，叶片被有浓密白毛；小
花淡紫粉色，着生于茎的顶部。

应用 用作盆栽点缀窗台或者书房等。

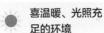 喜温暖、光照充
足的环境

 每月施1次腐熟稀
薄液肥或复合肥

 16 ~ 24℃

 生长期保持盆土
湿润而无积水

女雏

别　名：红边石莲
科　属：景天科，拟石莲花属
原产地：不详

特征 女雏植株小巧，是一种较小型的石莲花，
植株多是淡绿色的，在春秋季，由于日照
充足，会在叶尖呈现绮丽的粉红色；叶片
细长，前端较尖，呈莲花状紧密排列；春
季开花，花倒吊钟状，黄色。

应用 用作盆栽点缀书房、客厅等。

 生长期每月施1
次薄肥

 喜温暖、阳光充
足的环境

 15 ~ 25℃

生长期保持土壤
湿润

玉露

别　名：玉章、草玉露、绿玉杯
科　属：独尾草科，十二卷属
原产地：南非

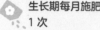 多年生肉质草本植物。植株初为单生，以后逐渐呈群生状；钝性肉质叶，翠绿色，透明状，呈紧凑的莲座状排列，叶顶端有细小的"须"；花白色，较小，松散的总状花序。

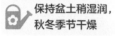 用作书桌、案头装饰性小盆栽等。

 喜阳光充足的环境，耐半阴

　生长期每月施肥1次

 18 ～ 22℃

　保持盆土稍湿润，秋冬季节干燥

卧牛锦

别　名：厚舌草
科　属：百合科，鲨鱼掌属
原产地：南非

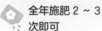 多年生肉质草本植物。植株粗壮，叶片肥厚坚硬，呈舌状，两列叠生，随着叶片的增多，逐渐排列成莲座状；叶表绿色或深绿色，密布小疣突；开总状花序，花下垂，下橙红色，上部绿色。

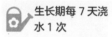 用来装饰几案、窗台等。

　喜阳光充足的环境

　全年施肥2 ～ 3次即可

 13 ～ 21℃

　生长期每7天浇水1次

条纹十二卷

别　名：锦鸡尾、条纹蛇尾兰
科　属：百合科，十二卷属
原产地：非洲南部

 多年生肉质草本植物。叶片紧密轮生在茎轴上，呈莲座状排列；叶片肥厚坚硬，深绿色，叶三角状披针形、渐尖，稍直立；叶面扁平，叶背凸起，呈龙骨状，绿色，有白色疣状突起，排列成横条纹。

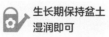 摆放在书桌、茶几或窗台等作观赏植物。

　喜阳光充足的环境

　每月施1次稀释饼肥水

 10 ～ 24℃

　生长期保持盆土湿润即可

琉璃殿

别　名：旋叶鹰爪草
科　属：百合科，十二卷属
原产地：南非

特征 多肉植物。呈现莲座状排列，排列时像风车一样向一个方向旋转；叶多肉，深绿色，卵圆状三角形，先端急尖，正面有明显龙骨突，叶背有横条凸起，状似琉璃瓦；花序高达 35 厘米，花白色，有绿色中脉。

应用 可用作盆栽置于桌案、几架、窗台等。

 喜温暖、光照充足的环境　　 生长期每月施 1 次稀薄饼肥水

 18 ~ 24℃　　 生长期保持盆土稍湿润

芦荟

别　名：卢会、讷会、象胆
科　属：百合科，芦荟属
原产地：地中海、非洲

特征 常绿多肉质草本植物。叶近簇生或稍 2 列，肥厚多汁，条状披针形，粉绿色，叶缘有尖齿状刺；花序有伞形、总状、穗状、圆锥形等，花点垂，稀疏排列，红、黄或有赤色斑点；苞片近披针形，先端锐尖。

应用 可用作盆栽置于桌案、几架、窗台等。

 喜阳光充足的环境，耐半阴　　 生长期每月施肥 1 次

 15 ~ 35℃　　 生长期保持盆土稍湿润

点纹十二卷

别　名：锦鸡尾
科　属：百合科，十二卷属
原产地：非洲西南部

特征 多年生常绿植物。植株矮小；叶片轮生，呈莲座状，顺三角状披针形，下厚上粗，顶部尖锐；叶片深绿色，叶面上分布着横向凸起的白色点状物；花序从叶边横出，花极小，蓝紫色，有筒状花樽。

应用 可用于室内或办公室等装饰。

 喜温暖、光照充足的环境　　 生长期每 15 天施 1 次复合肥

 15 ~ 30℃　　 每 15 天浇 1 次水

毛汉十二卷

别　名：万象、象脚草
科　属：百合科，瓦苇属
原产地：南非

 喜温暖、阳光充足的环境　　 生长期每月施1次腐熟液肥

 18～28℃　　 生长期每15天浇水1次

特征　草本植物，造型奇特。肉质叶从基部斜出，排成松散的莲座状，叶片半圆筒形，状似大象的脚，故得名象脚草；叶色深绿、灰绿或红褐，表面粗糙，顶端截形，半透明；因品种的差异，有不同的花纹。

应用　可作盆栽置于书房、阳台、案几等。

不夜城芦荟

别　名：大翠盘、高尚芦荟、不夜城
科　属：百合科，芦荟属
原产地：南非

 喜温暖、光照充足的环境　　 每15天施肥1次

 20～25℃　　 生长期保持盆土湿润；冬季盆土干燥

特征　多年生肉质植物。莲座状簇生，分枝，株高可达30厘米，叶面及叶背均有黄色或黄白色纵条纹，或整片叶子都呈黄色；叶片披针形，肥厚多肉；松散的总状花序从叶丛上部抽出，花筒形，深红色。

应用　适合摆放在窗台、茶几、花架等处。

子宝

别　名：子宝锦、元宝花
科　属：百合科，鲨鱼掌属
原产地：南非

 喜温和日光，忌暴晒

 生长期每月施1次饼肥水

 12 ~ 21℃

 保持盆土湿润

特征 多年生肉质草本植物。叶肉质较厚，像舌头，叶面光滑，带白色斑点。叶片中间会出现白色斑纹，叶面长2 ~ 5厘米，宽1 ~ 2.5厘米，暴晒后叶面呈红色。花杆由叶舌根部伸出，花较小，大多为红绿色。

应用 作为窗台、客厅或者书房的盆栽等。

水晶掌

别　名：宝草
科　属：百合科，十二卷属
原产地：南非

 喜阳光充足的环境

 生长期每月施1次稀薄复合肥水

 20 ~ 25℃

 春秋季保持盆土湿润

特征 多年生草本植物。四季常绿，植株小巧，叶子呈长圆形或者匙状，互生于短茎上，莲座状紧凑排列，叶子半透明，有暗褐色纹路和褐色、青色的斑点，边缘的细锯齿呈粉红色；开极小的花。

应用 作为小盆栽放置于书房或案几等。

翡翠殿

别　名：无
科　属：百合科，芦荟属
原产地：南非

 半日照

每 15 天施 1 次
稀薄复合肥

15 ~ 30℃

冬季除外，每 10
天浇 1 次水

特征 多年生肉质植物。株高 30 ~ 40 厘米；叶
片螺旋状互生，旋列于茎顶，三角形，淡
绿色至黄绿色；叶缘有白齿，叶面和叶背
都有不规则形状的白色星点；总状花序，
花小，橙黄至橙红色，带绿尖。

应用 可作盆栽于室内或办公室养护。

红雀珊瑚

别　名：洋珊瑚、百足草、红雀掌
科　属：大戟科，红雀珊瑚属
原产地：西印度群岛

 喜温暖、光照充
足的环境

 生长期每月施 2
次腐熟肥饼水

16 ~ 28℃

 生长期保持土壤
湿润

特征 常绿肉质灌木植物。植株健壮挺拔；茎绿
色，茎干常呈"之"字形弯曲生长；叶绿
色，革质，互生，有卵状披针形；顶生聚
伞杯状花序，花红色或紫色；总苞鲜红色；
花期夏季；树形似珊瑚，故得名。

应用 可栽植于建筑物旁或作盆栽置于书桌、几
案、阳台等。

帝玉

别　名：大花凤卵草
科　属：番杏科，对叶花属
原产地：南非

喜温暖、光照充足的环境

生长期每月施肥1次

18 ~ 24℃

生长期土壤干则浇水，浇则浇透

特征 多年生肉质草本植物。植株为丰满的肉质，卵形叶交互对生，叶外缘钝圆，表面较平，基部联合，为元宝状；叶色灰绿，上有透明小斑点；花单生，有短梗，花朵橙黄色，花心颜色稍浅。

应用 可用作盆栽，摆放在窗台、几案或书架上。

快刀乱麻

别　名：无
科　属：番杏科，快刀乱麻属
原产地：南非

喜温暖、阳光充足的环境

每15 ~ 20天施1次腐熟液肥

13 ~ 28℃

每15 ~ 20天浇水1次

特征 多肉植物。植株呈肉质灌本状，高为20 ~ 30厘米，茎有短节，多分技；叶形奇特，集中在分枝顶端，对生，细长而侧扁，先端两裂，外侧圆弧状，好似一把刀；叶色淡绿至灰绿色；花色为黄色。

应用 可用于庭院栽植或作为盆栽放于室内栽培。

寿

别　名：透明宝草
科　属：百合科，十二卷属
原产地：非洲南部

☀ 喜半阴的环境	❀ 每月施 1 次稀释饼肥水
🌡 21 ~ 25℃	🚿 生长期保持盆土湿润

特征 多年生肉质草本植物。植株矮小、无茎；叶短而肥厚，螺旋状生长，呈莲座状排列，半圆柱形；顶端呈水平三角形，截面平而透明，形成特有的"窗"状结构，"窗"上有明显脉纹；花梗很长，白色筒状小花。

应用 用作家庭室内盆栽观赏或瓶景布置等。

九轮塔

别　名：霜百合
科　属：百合科，十二卷属
原产地：西南非洲

☀ 喜温暖、光照充足的环境	❀ 每年追肥 2 ~ 3 次
🌡 10 ~ 24℃	🚿 生长期保持盆土湿润

特征 多年生常绿多肉草本植物。植株呈柱状，茎轴极短；叶片肥厚，呈轮状抱茎向高处生长，先端向内弯曲，叶面有成行排列的白粒粒；叶面平日为深绿色，而在阳光下则会慢慢变成紫红色。

应用 可作盆栽置于窗台、几案、书桌等。

马齿苋树

别　名：金枝玉叶、银杏木
科　属：马齿苋科，马齿苋属
原产地：南非

特征　多年生常绿肉质灌木植物。马齿苋树的茎
为肉质，紫褐色至浅褐色；分枝近水平，
新枝在阳光充足的条件下会呈现出紫红色，
如光照不充足，则为绿色；叶互生或对生，
全缘；花两性，辐射对称或左右对称。

应用　用作盆栽点缀窗台或者书房等。

 喜温暖、阳光充足的环境　　每 20 天施 1 次腐熟稀薄液肥

20 ~ 25℃　　生长期应干透浇透，避免积水

特玉莲

别　名：特叶玉蝶
科　属：景天科，拟石莲花属
原产地：墨西哥

特征　多年生多肉植物，鲁氏石莲花的变种。叶
的基部为扭曲的匙形，叶背中央有一条明
显的沟，表面覆有白霜，呈莲座状排列；
在光照充足的环境下呈现出淡淡的粉红色；
花冠呈五边形，亮红橙色。

应用　用作盆栽点缀窗台或者书房等。

 喜温暖、阳光充足的环境　　 每月施 1 次以磷钾为主的薄肥

15 ~ 25℃　　每 10 天浇水 1 次，浇透即可

雷童

别　名：刺叶露子花、苍耳掌
科　属：番杏科，露子花属
原产地：南非干旱的亚热带地区

特征　多年生肉质草本植物。灌木状，分枝密集，
二歧分枝，老枝灰褐色或浅褐色，新枝淡
绿色，有白色突起；肉质叶卵圆半球形，
暗绿色，表皮有肉质刺；花单生，有短梗，
花很小，白色或淡黄色。

应用　可作为盆栽放于书房、卧室等。

 喜温暖、阳光充足的环境　　 每 15 天施 1 次腐熟液肥

 15 ~ 25℃　　 生长期每 15 天浇水 1 次

神刀

别　名：尖刀、神刀草
科　属：景天科，青锁龙属
原产地：南非

特征 多年生肉质草本植物。株高 50 ~ 100 厘米，植株灰绿色，矮壮、端正，肥厚多汁；叶片互生，排列紧密，叶片肥厚，形似镰刀或螺旋桨，奇特有趣；春天会开出鲜艳的红色花朵，开花后植株会老化。

应用 用于点缀阳台、书桌或几案等。

喜半阴的环境

生长期每月施1次稀释饼肥水

15 ~ 25℃

生长期保持盆土湿润即可

玉蝶

别　名：石莲花
科　属：景天科，拟石莲花属
原产地：墨西哥

特征 多年生肉质草本植物。茎株较短，易生分枝，叶子互生，呈莲座状分布，形成漏斗状；叶稍薄，表面浅绿色或者蓝绿色，上面分布着白色粉状物或者蜡质层；花为红色，较小，花顶略带黄色。

应用 用作阳台装饰盆栽等。

喜阳光充足的环境

生长期每 20 天施1 次腐熟稀薄液肥

18 ~ 25℃

盆土干燥时再浇水

小松绿

别　名：球松
科　属：景天科，景天属
原产地：阿尔及利亚

特征 多年生肉质草本植物。植株矮小，老茎灰白色，新枝浅绿色。株型近似球状，分枝较短，肉茎上有 1 束束褐红色的毛；针叶肉质，长约 1 厘米，密集聚生在枝梢先端，苍翠葱郁；开出星状黄色花。

应用 用作地被植物、家用盆栽等。

喜温和阳光，耐半阴

全年施肥 3 ~ 4 次即可

18 ~ 27℃

生长期保持盆土稍湿润

宝石花

别　名：石莲花、石花
科　属：景天科，拟石莲花属
原产地：墨西哥

特征 多年生肉质草本植物。全株光滑，茎短；叶匙形，集聚枝顶，莲座状排列着生于茎上，几乎将茎全部遮盖；花梗高 30 厘米，花偏侧着生，总状聚伞花序，花冠基部结合成短筒，外面淡红或红色。

应用 置于阳台、窗台作观赏植物等。

 喜阳光充足的环境，耐半阴　　每月施 1 次稀释饼肥水

18 ~ 25℃　　生长期保持盆土稍湿润

天章

别　名：冠状天锦章
科　属：景天科，天锦章属
原产地：南非

特征 多年生肉质植物。植株绿褐色，茎较短，上面有金黄色的绒毛；叶片肥厚，为倒卵圆状三角形，顶端叶缘有波浪形皱纹，叶片表皮有肉质绒毛，叶色常年翠绿；开钟状花，花瓣白色或淡紫色。

应用 用作点缀于窗台、书架等。

 喜阳光充足的环境　　 每月施 1 次稀释饼肥水

 18 ~ 25℃　　生长期保持盆土稍湿润

筒叶花月

别　名：吸财树、筒叶青锁龙
科　属：景天科，青锁龙属
原产地：南非

特征 灌木状肉质植物。多分枝，茎干明显，为圆柱形，表皮黄褐色或灰褐色；叶互生，在茎或分枝顶端密集成簇生长，肉质叶筒状，长 4 ~ 5 厘米，顶端呈斜的截形；叶色鲜绿，顶端有些许微黄，有蜡状光泽。

应用 用作摆放在窗台、书桌或案头的小盆栽等。

 喜阳光充足的环境　　 生长期每月施肥 1 次

 18 ~ 24℃　　生长期保持盆土湿润

女王花笠

别　名： 扇贝石莲花、女王花舞笠
科　属： 景天科，石莲花属
原产地： 不详

特征 多肉植物。植株健壮，呈莲座状排列，叶片宽厚，圆形，叶色翠绿至红褐，新叶色浅、老叶色深，叶缘呈波状红色或红褐色，如大波浪的舞裙；聚伞花序，花卵球形，淡黄红色，外层黄色。

应用 可作盆栽置于庭院、阳台、茶几等。

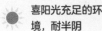 喜阳光充足的环境，耐半阴

 生长期每月施1次稀薄饼肥水

 18~25℃

 生长期保持土壤湿润

库珀天锦章

别　名： 锦玲殿
科　属： 景天科，天锦章属
原产地： 南非、纳米比亚

特征 多年生肉质草本植物。整株矮小，茎呈灰褐色；叶片为长圆筒形，顶端扁平；叶正面平整，背面圆凸，叶子灰绿色，零星分布有紫色斑点；花序高达25厘米，花筒圆柱形，上绿下紫，花冠5裂，紫色。

应用 可作盆栽置于书房、茶几等。

喜阳光充足的环境

 每15天施1次腐熟液肥

 13~25℃

 土壤干则浇水，浇则浇透

大和锦

别　名： 三角莲座草
科　属： 景天科，石莲花属
原产地： 墨西哥

特征 多肉植物。其株形奇特，肉质叶排列紧密，呈莲座状，叶色灰绿，叶片呈散三角卵形，背面凸起呈龙骨状，先端急尖；叶色灰绿，上面有红褐色的斑纹；小花红色，上部为黄色。

应用 作盆栽置于窗台、阳台、书桌等。

喜温暖、光照充足的环境

 每月施肥1次稀薄饼肥水

 18~25℃

 生长期保持土壤稍湿润

彩云阁

别　名：三角大戟、三角霸王鞭
科　属：大戟科，大戟属
原产地：纳米比亚

 喜温暖、光照充足的环境

 每月施肥 1 次，冬季可不施肥

 20 ~ 28℃

生长期保持盆土稍湿润

特征 多年生肉质植物。分枝灌木状，主干短粗，有 3 ~ 4 个棱，皆垂直向上生长；茎表皮绿色，有黄白色晕纹；叶轮生于主干周围，叶绿色，长卵圆形或倒披针形；棱缘有坚硬短齿，先端有红褐色刺。

应用 可作盆栽点缀客厅、阳台、庭院等处。

鹿角海棠

别　名：熏波菊
科　属：番杏科，鹿角海棠属
原产地：非洲西南部

 喜温暖、阳光充足的环境

 春、秋季每 15 天施 1 次稀薄液肥

 15 ~ 25℃

 生长期保持土壤稍湿润

特征 肉质草本植物。多分枝，为匍匐状。叶片绿色，肉质为三棱状。据品种不同分为长叶型和短叶型。短叶型夏季开花，花朵颜色为黄色；长叶型冬季开花，多花颜色为白色、红色或者淡紫色。

应用 可用作盆栽置于电视、电脑旁。

山地玫瑰

别　名：高山玫瑰、山玫瑰
科　属：景天科，莲花掌属
原产地：不详

 喜凉爽、阳光充足的环境

 生长期每月施1次稀薄饼肥水

 15 ~ 25℃

生长期保持盆土稍湿润

特征 多年生肉质草本植物。株高2 ~ 40厘米；肉质叶呈莲座状排列，互生，叶色灰绿、蓝绿或翠绿等；外围叶子枯萎时，中心叶片紧紧包裹，酷似玫瑰花；花黄色，总状花序，开花后母株即枯死。

应用 可用作盆栽置于窗台、阳台等。

铭月

别　名：金景天
科　属：景天科，景天属
原产地：墨西哥

 喜温暖、光照充足的环境

 每20天施1次腐熟液肥

 15 ~ 25℃

 每15天浇水1次

特征 多年生亚灌木植物。多分枝，茎蔓生或直立；叶片呈覆瓦状互生，肉质，形状通常为披针形或倒卵形，黄绿色，叶缘稍有点红；伞状花序，花朵5瓣，花瓣椭圆形；萼片呈三角至圆球形，先端尖。

应用 可作盆栽置于室内或阳台等。

佛甲草

别　名：火焰草、半支连、万年草
科　属：景天科，景天属
原产地：中国

特征 多年生草本植物。无毛；茎高 10 ~ 20 厘米；叶多为 3 叶轮生，叶片线形，先端钝尖，基部无柄；小叶碧绿如翡翠；花序聚伞状，顶生，疏生花；萼片 5 枚，线状披针形；花瓣 5 枚，黄色，披针形。

应用 用于庭院、公园栽植或作地被植物、盆栽等。

 喜光照充足的环境

 每 2 个月施 1 次有机肥

 -10 ~ 35℃

 种植初期保持土壤湿润

观音莲

别　名：长生草、观音座莲
科　属：景天科，长生草属
原产地：南欧山区

特征 多年生小型多肉植物。植株有莲座状叶盘，品种很多；叶盘直径 3 ~ 15 厘米，肉质，叶匙形，顶端尖，叶色灰绿、深绿、黄绿、红褐等；叶顶端的尖既有绿色，也有红色或紫色；小花呈星状，粉红色。

应用 可植于岩石园、墙边等，或作盆栽装饰家庭。

宜凉爽、光照充足的环境

 生长期每 15 ~ 20 天施 1 次腐熟液肥

22 ~ 30℃

  春、秋季保持盆土湿润

江户紫

别　名：花叶川莲
科　属：景天科，伽蓝菜属
原产地：索马里、埃塞俄比亚

特征 多年生肉质植物。灌木状直立生长，通常在基部分枝；茎圆柱形，直立生长；叶肥厚无柄，交互对生，叶片倒卵形，叶缘有不规则波状齿，被有白粉，上有红褐至紫褐色斑点或晕纹；花白色，较少见。

应用 可用于植物园栽植或作盆栽置于书房、客厅、卧室等。

全日照或半日照

 生长期每月施 1 次稀薄饼肥水

 18 ~ 23℃

 生长期保持盆土稍湿润

王玉珠帘

别　名：千佛手、菊丸
科　属：景天科，景天属
原产地：不详

特征 多年生肉质草本植物。茎节紧密，茎叶覆盖面大；叶片肥厚，为椭圆形披针形，尖头，叶面光滑。叶互生，有时小而覆瓦状排列；花排成顶生的聚伞花序，常偏生于分枝之一侧；分离或基部合生。

应用 用作小型盆栽点缀于窗台、书桌等。

 喜光照充足的环境
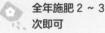 全年施肥 2 ~ 3 次即可
 18 ~ 25℃
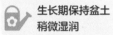 生长期保持盆土稍微湿润

黑法师

别　名：紫叶莲花掌
科　属：景天科，莲花掌属
原产地：摩洛哥、加那利群岛

特征 多肉植物。植株呈灌木状，直立生长，多分枝；老茎木质化，茎圆筒形；肉质叶稍薄，在枝头集成菊花形莲座叶盘，叶片倒长卵形或倒披针形，顶端有小尖，叶色黑紫，冬季绿紫色；总状花序，小花黄色。

应用 可作盆栽置于室内观赏。

 性喜温暖、光照充足的环境
 每 15 ~ 20 天施 1 次有机肥
15 ~ 25℃
 每 15 天浇水 1 次

黑王子

别　名：无
科　属：景天科，拟石莲花属
原产地：墨西哥、中美洲

特征 多年生肉质草本植物。植株有短茎；单株叶片数量可达百余枚；叶片紫黑色，紧密生长如莲座状，叶片形状为长勺状，叶片表面光滑，顶部尖锐，比较肥厚；花序为聚伞状，花朵红色或紫色。

应用 可用作盆栽置于室内欣赏。

 喜温暖、阳光充足的环境
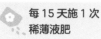 每 15 天施 1 次稀薄液肥
15 ~ 25℃
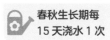 春秋生长期每 15 天浇水 1 次

大叶落地生根

别　名：花蝴蝶、宽叶不死鸟
科　属：景天科，伽蓝菜属
原产地：非洲马达加斯加岛

特征 多年生肉质草本植物。茎单生，直立，颜色为褐色；叶交互对生，叶片肉质，长三角形、卵形，具有不规则的褐紫斑纹，边缘有粗齿，缺刻处长出不定芽；复聚伞花序、顶生，花为钟形，橙色。

应用 用于庭院栽植或作盆栽置于书房和客厅等。

● 全日照或半日照　　❀ 每月施肥 1 次

🌡 13 ~ 19℃　　💧 勤浇水，保持盆土湿润

吉娃莲

别　名：吉娃娃
科　属：景天科，拟石莲花属
原产地：墨西哥奇瓦瓦州

特征 小型多肉植物。植株小型；呈紧凑的莲座排列，无茎，叶卵形，较厚，带有小尖；叶蓝绿至灰绿、淡绿色，被有浓厚的白粉，叶缘为深粉红色；花序长约 20 厘米，先端弯曲，钟状，颜色为红色。

应用 可用于庭院栽植或作盆栽置于室内等。

● 喜温暖、光照充足的环境　　❀ 生长期每月施 1 次腐熟肥饼水

🌡 20 ~ 25℃　　💧 生长期保持盆土稍湿润

唐印

别　名：牛舌洋吊钟
科　属：景天科，伽蓝菜属
原产地：南非

特征 多年生肉质草本植物。株高 50 ~ 60 厘米。茎部粗大，多分枝，枝体灰白；叶子呈倒卵形对称状紧密排列，黄绿色或者淡绿色；叶片上被有很厚的白色粉末，颜色看起来有些发灰，开有黄色的筒形小花。

应用 用作盆栽装饰客厅或者书房等。

● 喜阳光充足的环境　　❀ 可每 10 天施肥 1 次

🌡 15 ~ 20℃　　💧 保持盆土湿润

星美人

别　名：白美人、肥天
科　属：景天科，厚叶草属
原产地：墨西哥

 喜温暖、阳光充足的环境

 生长期每月施1次稀薄饼肥水

 18 ~ 25℃

 生长期每7天浇水1次

特征 多年生肉质草本植物。每株有叶片12 ~ 25枚，叶互生，肉质，呈莲座状排列；叶片为倒卵形至倒卵状椭圆形，先端圆钝，表面平滑，叶色为灰绿、淡紫等色，被有白粉；花瓣椭圆形，花色有红、紫红等。

应用 可用作盆栽置于厅台、书桌等。

虹之玉

别　名：耳坠草、玉米石、玉米粒
科　属：景天科，景天属
原产地：墨西哥

 喜温暖、光照充足的环境

 生长期每月施1次稀薄饼肥水

 10 ~ 28℃

 土壤见干见湿，浇则浇透

特征 多年生肉质草本植物。株高10 ~ 20厘米，多分枝；肉质叶膨大互生，圆筒形至卵形，表皮光亮、无白粉，阳光充足时为红褐色；叶尖处略呈透明，叶片红绿相间，如虹如玉；小花淡黄红色。

应用 可作为盆栽摆放于窗台、阳台或客厅等。

姬星美人

别　名：无
科　属：景天科，景天属
原产地：西亚与北非的干旱地区

- 性喜温暖、阳光充足的环境
- 春、秋生长期每月施肥 1 次
- 13 ~ 23℃
- 生长期每 15 天浇水 1 次

特征　多年生肉质植物。株高 5 ~ 10 厘米，茎多分枝；叶膨大互生，倒卵圆形，长 2 厘米，绿色，叶片肉质，深绿色，如翡翠一般晶莹碧绿，在阳光照射下艳丽非常；在春季开花，花为淡粉白色。

应用　可作盆栽置于窗台、阳台等。

锦晃星

别　名：金晃星、绒毛掌猫耳朵
科　属：景天科，拟石莲花属
原产地：墨西哥

- 喜凉爽、阳光充足的环境
- 春、夏季每 15 天施 1 次薄肥
- 15 ~ 25℃
- 春、秋季每 15 浇水 1 次

特征　多年生小灌木状多肉植物。有分枝，茎为圆形；叶片倒披针形，互生，呈莲座状；叶片灰绿色，表皮上有白色短绒毛；穗状花序，开鲜红色 5 瓣花，花朵钟形，外部颜色为绿色，内瓣为橙红色。

应用　可作盆栽置于阳台、书房、厅堂等。

锦司晃

别　名：多毛石莲花
科　属：景天科，拟石莲花属
原产地：墨西哥

特征　多年生肉质草本植物。老株易丛生，绿色；叶片互生为莲座状；叶片基部狭窄，先端卵形且较厚，边缘微呈红色，叶面上被有密布的白毛；花序高 20 ~ 30 厘米，小花较多，颜色为黄红色。

应用　可作盆栽置于阳台、书房、厅堂等。

性喜温凉、阳光充足的环境

每 15 天施 1 次稀薄液肥

15 ~ 25℃

生长期每 15 天浇水 1 次

景天树

别　名：燕子掌、玉树
科　属：景天科，青锁龙属
原产地：非洲南部

特征　灌木状肉质植物。块根为胡萝卜状；株高为 0.5~1.2 米，茎多分枝；叶对生，少有互生或 3 叶轮生，长圆形至卵状长圆形；伞房状花序顶生，花密生；萼片 5 枚，卵形；花瓣 5 枚，白色或粉红色，宽披针形。

应用　可作盆景置于书房、厅堂等。

 喜温暖、阳光充足的环境

 生长期每月施 1 次稀薄饼肥水

15 ~ 32℃

土壤间干间湿，不干不浇

钱串景天

别　名：串钱景天、星乙女
科　属：景天科，青锁龙属
原产地：南非

特征　多年生肉质草本植物。植株矮壮，有小分枝，茎肉质以后稍木质化；叶肉质，灰绿至浅绿色，叶缘稍有红色，交互对生，卵圆状三角形，没有叶柄，基部相连，幼叶上下叠生，似串起来的钱串；花白色。

应用　可作盆栽装饰案头、窗台等。

喜温暖、阳光充足的环境

生长期每 15 天施 1 次稀薄饼肥水

18 ~ 24℃

 生长期保持盆土稍湿润

茜之塔

别　名：绿塔
科　属：景天科，青锁龙属
原产地：南非

特征 多年生肉质草本植物。植株丛生，比较矮小，整个植株呈宝塔状排列，由此得名；叶子密集对生，排列成4列，无柄，状如心形或者长三角形，从基部到顶端逐渐变小，叶色浓绿、红褐或褐色。

应用 可作盆栽置于窗台、书桌旁。

 喜温暖、光照充足的环境

 每15天施肥1次

 18～24℃

 春、秋季保持土壤湿润

青锁龙

别　名：若绿、翡翠木
科　属：景天科，青锁龙属
原产地：南非、纳米比亚

特征 多年生肉质亚灌木植物。高30厘米，茎干细，茎株易分枝，通体垂直向上，顶端稍弯曲；叶子叶鳞片般三角形，分4列密集分布在茎和分枝上；聚伞花序，小花淡绿色，长于叶腋部位，秋、冬季开放。

应用 可作温室栽培或作盆栽置于案头、书桌等。

 喜温暖、光照充足的环境

 每2个月施肥1次

 20～25℃

 生长期每7天浇水2～3次

清盛锦

别　名：艳日晖、灿烂
科　属：景天科，莲花掌属
原产地：加那利群岛

特征 多年生肉质植物。植株稍有分枝，叶肥厚，呈莲座状排列，叶倒卵圆形，顶端尖，叶缘有细锯齿；叶片中央为杏黄色，与淡绿色间杂，外缘为红、红褐及粉红等色，其余为绿色。总状花序，开花后植株即死亡。

应用 可作盆栽置于阳台、客厅、卧室等。

 喜温暖、光照充足的环境

 生长期每15～20天施1次薄肥

 15～25℃

 生长期保持土壤湿润

火祭

别　名：秋火莲
科　属：景天科，青锁龙属
原产地：南非

 喜温暖、光照充
足的环境

 生长期每月施
1次稀薄饼肥水

 18～24℃

 生长期保持土壤
稍湿润

特征 多年生肉质草本植物。植株丛生；叶肉质
肥厚，不光滑，密布小疣点；叶片长圆形，
交互对生，植株呈四棱状，光照充分时叶
子呈浅绿色至深红色；聚伞花序，小花黄
白色；植株容易群生，造景优美。

应用 可作垂吊盆景或作盆栽置于窗台、阳台、
书桌等。

趣情莲

别　名：趣蝶莲、双飞蝴蝶
科　属：景天科，伽蓝菜属
原产地：非洲南部

 喜温暖、光照充
足的环境

 生长期每月施
1次薄肥

 18～25℃

 生长期保持土壤
湿润

特征 多年生肉质草本植物。株形奇特；叶卵形
对生，叶缘有锯齿，叶片肥厚，灰绿，略
带红色，叶缘红色；叶腋处抽出花葶，开
悬垂铃状花；叶腋抽出的匍匐枝长出蝴蝶
形不定芽，发育成有根的新植株。

应用 可作盆栽置于门厅、走廊、客厅等。

棱叶龙舌兰

别　名：雷神
科　属：龙舌兰科，龙舌兰属
原产地：墨西哥

喜温暖、阳光充足的环境

生长期每月施1次腐熟肥饼水

18 ~ 25℃

土壤干则浇水，浇则浇透

（特征）多年生肉质植物。株形优美，小巧迷人，呈莲座状排列；叶子基部狭而厚，灰绿色，长为 20 ~ 30 厘米，宽为 9 ~ 11 厘米，尖端坚挺，呈三角形剑状。叶缘有刺，先端有红褐色尖刺，十分醒目。

（应用）可用作盆栽置于阳台、花架等。

狐尾龙舌兰

别　名：无刺龙舌兰
科　属：龙舌兰科，龙舌兰属
原产地：墨西哥

喜温暖、阳光充足的环境

生长期每月施1次腐熟饼肥水

15 ~ 25℃

春、秋季节保持盆土湿润

（特征）多年生常绿植物。老植株下部茎干高度可达 1.5 米；叶肉质，绿色，密生于短茎上，叶片宽大，长卵形或披针形，叶缘有尖刺，叶色翠绿，有白粉；花期为春季，花黄绿色，密穗状花序，形如狐尾。

（应用）用于庭院、绿地栽植或作盆栽等。

雅乐之舞

别　名：斑叶马齿苋树、公孙树
科　属：马齿苋科，马齿苋属
原产地：南非

 喜温和阳光，耐半阴

 每2个月施1次稀释饼肥水

 21～25℃

 生长期保持盆土湿润

特征 多年生肉质灌木植物。株高3～4米，多分枝，老茎紫褐色，嫩枝紫红色；肉质叶对生，倒卵形，主要为黄白色，中间淡绿色，新叶叶缘有粉红色晕，随着叶片的长大变成粉红色细线；花淡粉色，较小。

应用 用作小型盆栽或老树桩盆景等。

桃美人

别　名：无
科　属：景天科，厚叶草属
原产地：墨西哥

 喜阳光充足的环境

 每年施1～2次腐熟稀薄液肥

 18～22℃

 春、秋季每月浇水3～5次

特征 多年生肉质草本植物。茎部短小，直立。肉质叶有多浆薄壁组织，单株有12～20枚叶，叶片互生，排列呈延长的莲座状，呈倒卵形，长2～4厘米，先端平滑钝圆；花钟形，红色。

应用 用作厅台或书房的装饰盆景等。

月兔耳

别　名：褐斑伽蓝
科　属：景天科，伽蓝菜属
原产地：中美洲、马达加斯加

 喜阳光充足的环境

每月施 1 次稀释饼肥水

18 ~ 22℃

保持盆土稍干燥，夏季可向植株喷雾

(特征) 多年生肉质草本植物。植株为直立的肉质灌木，易长高；叶片奇特，形似兔耳，边缘着生褐色斑纹；叶片对生，长梭形，整个叶片及茎干密布凌乱绒毛，新叶金黄色，老叶呈微黄褐色。

(应用) 用于窗台、案头、书桌边小盆栽等。

千代田锦

别　名：斑叶芦荟、翠花掌
科　属：百合科，芦荟属
原产地：非洲南部

 喜温暖、光照充足的环境

 生长旺盛期每 10 天施 1 次液肥

 16 ~ 28℃

 夏、秋生长期保持盆土微潮偏干

(特征) 多年生肉质草本植物。茎较短。叶片从根部长出，旋叠状，三角剑形；叶正面深凹，叶缘密生有短而细的白色肉质刺，叶色深绿，有不规则的银白色斑纹；总状花序，小花 20 ~ 30 朵，花色橙黄至橙红色。

(应用) 可作盆栽布置装饰书房、窗台、客厅等。

Part 3

常见
观果植物

观果植物是指果实形状或颜色有较高观赏价值、
以观赏果实部位为主的植物。它们的果实或
色彩鲜艳,或形状奇特,或香气浓郁,或着果实丰硕,
甚至有的兼具多种观赏性能。观果植物能给人
以幸福感和满足感。近年来,观果盆栽已经成为
居室、阳台、宾馆等室内外美化装饰的流行时尚。

菠萝

别　名：凤梨、露兜子
科　属：凤梨科，凤梨属
原产地：美洲热带地区

特征　多年生常绿草本植物。茎短，叶多数，莲座式排列，剑形；顶端渐尖，全缘或有锐齿，腹面绿色，背面粉绿色，边缘和顶端常带褐红色；生于花序顶部的叶变小，常呈红色；花序于叶丛中抽出，状如松球。

应用　用于庭院、果园栽植或作盆栽等。

 喜阳光充足的环境

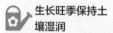 施花芽分化肥、催蕾肥、攻果催芽肥

24 ~ 27℃

生长旺季保持土壤湿润

葫芦

别　名：抽葫芦、壶芦
科　属：葫芦科，葫芦属
原产地：不详

特征　一年生攀缘草本植物。有软毛，夏秋开白色花，雌雄同株；藤蔓的长短，叶片、花朵的大小，果实的大小形状各不相同，有棒状、瓢状、海豚状、壶状等；新鲜的葫芦皮嫩绿，果肉白色。

应用　用于家庭园艺、阳台菜园以及绿化工程等。

 喜温暖、避风的环境

 生长期应薄肥勤施

20 ~ 25℃

 土壤不干不浇，浇则浇透

橄榄

别　名：黄榄、青果、山榄
科　属：橄榄科，橄榄属
原产地：中国广东、广西等

特征　乔木植物。小枝幼部被黄棕色绒毛；小叶3 ~ 6对，纸质至革质，披针形或椭圆形；花序腋生，雄花序为聚伞圆锥花序，多花；雌花序为总状，有花12朵以下；果卵圆形至纺锤形，横切面近圆形，成熟时黄绿色。

应用　用于庭院、园林栽植等。

 喜阳光充足的环境

 每2个月施肥1次

20 ~ 22℃

 保持土壤湿润

滇橄榄

别　名：余甘子、望果
科　属：大戟科，叶下珠属
原产地：亚洲热带地区

特征 灌木植物，高达 2 米。枝条四棱形，全株无毛。叶紧密排成 2 列，叶片纸质，线状长圆形，两端钝；侧脉不明显；叶柄极短；托叶披针形；花雌雄同株，组成团伞花序；蒴果圆球状，淡褐色，有 3 瓣裂。

应用 用于庭院、果园栽植等。

 喜阳光充足的环境　　 每年春、夏和秋季各施 1 次肥

 18 ~ 25℃　　 土壤干则浇水

枸骨

别　名：老虎刺、八角刺
科　属：冬青科，冬青属
原产地：中国长江中下游地区

特征 常绿灌木或小乔木植物。叶片厚革质，二型，四角状长圆形或卵形，叶面深绿色，背淡绿色；花序簇生于二年生枝的叶腋内，基部宿存鳞片近圆形；花淡黄色，花瓣长圆状卵形；果球形，成熟时鲜红色。

应用 用于庭院、园林、绿篱栽植或作盆栽等。

 全日照或半日照　　 春季每15天施1次肥，秋季每月施1次

 15 ~ 26℃　　 保持土壤湿润

神秘果

别　名：变味果
科　属：山榄科，神秘果属
原产地：西非、加纳等

特征 乔木或灌木植物。单叶互生，近对生或对生，有时密聚于枝顶，通常革质，全缘，羽状脉；托叶早落或无托叶；花单生或通常数朵簇生叶腋或老枝上；花萼裂片通常 4 ~ 6 枚；花冠合瓣；果为浆果，有时为核果状。

应用 用于庭院、种植园栽植或作盆栽等。

 喜阳光充足的环境　　 每 3 个月施肥 1 次

 20 ~ 30℃　　 生长旺季每天浇水 1 ~ 2 次

毛樱桃

别　名：山樱桃、梅桃、山豆子
科　属：蔷薇科，樱属
原产地：不详

☀ 喜阳光充足的环境　　❀ 施足基肥，花前追肥

🌡 16 ~ 25℃　　🚿 开花前后及膨果期各浇水1次

（特征）落叶灌木植物。一般株高2 ~ 3米，有直立型、开张型两类，为多枝干形。叶芽着生枝条顶端及叶腋间、花芽为纯花芽；花单生或2朵簇生，白色至淡粉红色，萼片红色；核果圆或长圆，鲜红或乳白色。

（应用）用于庭院、公园、果园栽植等。

木鳖子

别　名：番木鳖、糯饭果
科　属：葫芦科，苦瓜属
原产地：不详

☀ 喜温暖、光照充足的环境　　❀ 苗期、开花期各施肥1次

🌡 20 ~ 25℃　　🚿 土壤干则浇水

（特征）多年生草质藤木，有膨大的块状根。茎有纵棱；卷须粗壮，与叶对生，单一，不分枝；叶互生，圆形至阔卵形，通常3浅裂或深裂，裂片略呈卵形或长圆形，全缘或有微齿，基部近心形；果实卵近球形，成熟时红色。

（应用）用于庭院、园林栽植等。

佛手瓜

别　名：安南瓜、寿瓜、合掌瓜
科　属：葫芦科，佛手瓜属
原产地：墨西哥、中美洲等

 半日照

 盛花期、盛果期施肥 2 ~ 3 次

🌡 20 ~ 25℃

保持土壤湿润

特征 多年生宿根草质藤本植物。茎攀缘或人工架生，有棱沟；叶片膜质，近圆形，中间的裂片较大；雄花 10 ~ 30 朵生于总花梗上部，成总状花序；果实淡绿色，倒卵形，有稀疏短硬毛，上部有 5 条纵沟。

应用 用于庭院、果园栽植等。

玩具南瓜

别　名：鼎足瓜、怪瓜
科　属：葫芦科，南瓜属
原产地：墨西哥

 半日照

 生长期追肥 2 ~ 3 次

 15 ~ 30℃

 生长期保持土壤湿润

特征 一年生蔓性草本植物。花雌雄同株，单生，黄色，果实梨形、碟形、瓢形、皇冠形或圆形，果实为白、黄、绿等色；可供玩赏和陈列性花艺陪衬，不能食用；植株攀藤也可以供庭院遮阴棚架等用途。

应用 用于庭院、公园、果园栽植等。

菠萝蜜

别　名：木菠萝、树菠萝
科　属：桑科，菠萝蜜属
原产地：印度

 喜阳光充足的环境

 生长盛期每 1 ~ 2 个月追肥 1 次

 22 ~ 23℃

 每日浇水 1 次

特征 常绿乔木植物。树皮厚，黑褐色；小枝粗，有纵绉纹至平滑；叶革质，螺旋状排列，椭圆形或倒卵形；花雌雄同株；聚花果椭圆形至球形，幼时浅黄色，成熟时黄褐色，表面有坚硬六角形瘤状突起。

应用 用于庭院、公园、行道树栽植等。

薜荔

别　名：凉粉子、木莲、凉粉果
科　属：桑科，榕属
原产地：中国福建、江西等

 半日照

 生长期每月施 2 ~ 3 次稀薄液肥

 20 ~ 28℃

 保持土壤湿润

特征 攀缘或匍匐灌木植物。叶两型，不结果枝节上生不定根，叶卵状心形，薄革质；结果枝上无不定根，叶革质，卵状椭圆形；雄花生榕果内壁口部，花被片 2 ~ 3 枚；雌花被片 4 ~ 5 枚；瘦果近球形，有黏液。

应用 用于庭院、园林栽植等。

面包树

别　名：罗蜜树、马槟榔
科　属：桑科，菠萝蜜属
原产地：马来半岛、波利尼西亚

 喜阳光充足的环境

 每年施肥3～5次

 23～32℃

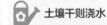 土壤干则浇水

（特征）常绿乔木植物。树干粗壮，树皮灰褐色；互生，厚革质，卵形至卵状椭圆形；托叶大，披针形或宽披针形；花序单生叶腋，雄花序长圆筒形至长椭圆形或棒状，裂片披针形；雌花花被管状；果实肥大，外有角形瘤突。

（应用）用于庭院、公园、行道树栽植等。

叶片互生，表面为深绿色，卵形至卵状椭圆形，成熟的叶羽状分裂，两侧多为3～8羽状深裂，裂片披针形。

果实肥大，每个果实是由1个花序形成的聚花果，肉质，小而头大，表面有角形瘤突；果肉充实而香甜。

蛇瓜

别　名：蛇王瓜、蛇豆、大豆角
科　属：葫芦科，栝楼属
原产地：亚洲热带地区等

(特征) 一年生攀缘藤本植物。茎纤细，多分枝，有纵棱及槽；叶片为绿色，掌状深裂，裂口较圆；花冠白色，花单性，雄花多为总状花序；嫩瓜细长，瓜身圆筒形或弯曲，瓜先端及基部渐细瘦，形似蛇。

(应用) 用于庭院、种植园栽植等。

喜温暖、光照充足的环境

第一瓜坐瓜后追复合肥

20～35℃

保持土壤湿润

无花果

别　名：蜜果、文仙果、奶浆果
科　属：桑科，榕属
原产地：地中海沿岸

(特征) 落叶灌木植物。树皮灰褐色，皮孔明显；叶互生，厚纸质，广卵圆形；托叶卵状披针形；雌雄异株，雄花生内壁口部，花被片4～5枚；榕果单生叶腋，大而呈梨形，顶部下陷，成熟时紫红色或黄色，基生苞片3枚，卵形。

(应用) 用于庭院、园林栽植或作盆栽等。

喜温暖、光照充足的环境

施足基肥，6月、7月各追肥1次

25～30℃

生长期每天浇水1次

飞碟瓜

别　名：碟瓜、扁圆西葫芦
科　属：葫芦科，南瓜属
原产地：中南美洲

(特征) 美洲南瓜的变种。茎短缩，蔓性、半蔓性或矮生；真叶近五角掌状，浅至深裂，互生，绿色；雌雄异花同株；一般雌花单生，雄花簇生，花黄色；瓠果分白、黄、绿3种基本颜色，扁圆、碟形或钟形。

(应用) 用于庭院、果园栽植等。

喜温暖、光照充足的环境

缓苗后、盛花期、盛果期各追肥1次

13～28℃

保持土壤湿润

红毛丹

别　名：韶子、红毛果、毛荔枝
科　属：无患子科，韶子属
原产地：亚洲热带地区

 喜阳光充足的环境 　 每30天施肥1次

23 ~ 32℃ 　见干见湿，土壤干则浇水

特征　常绿乔木植物。小枝圆柱形，有皱纹，灰褐色；小叶1~4对，薄革质，椭圆形或倒卵形，顶端钝或微圆，有时近短尖；花序常多分枝，被锈色短绒毛；花萼革质，裂片卵形；无花瓣；果阔椭圆形，红黄色。

应用　用于庭院、果园、公园栽植等。

柠檬

别　名：柠果、洋柠檬、益母果
科　属：芸香科，柑橘属
原产地：东南亚、印度、中国

 喜阳光充足的环境 　 薄肥勤施，生长期根外追肥

 22 ~ 30℃ 　 保持土壤湿润

特征　常绿小乔木植物。枝少刺或无刺，嫩叶及花芽暗紫红色；叶片厚纸质，卵形或椭圆形。单花腋生或少花簇生；花萼杯状；花瓣外面淡紫红色，内面白色；果椭圆形或卵形，顶部通常较狭长并有乳头状突尖。

应用　用于庭院、果园栽植或作盆栽等。

桑葚

别　名：桑实、桑泡儿、黑椹
科　属：桑科，桑属
原产地：中国

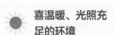 喜温暖、光照充足的环境

 以有机肥为主，化肥为辅

 4 ~ 30℃

 土壤干则浇水

(特征) 落叶灌木或小乔木植物。单叶互生；叶片卵形或宽卵形，先端锐尖或渐尖；花单性，雌雄异株；核果多数密集成一个卵圆形或长圆形的聚花果，初熟时为绿色，成熟后变为肉质、黑紫色或红色。

(应用) 用于庭院、果园栽植等。

单叶互生；叶片卵形或宽卵形，先端锐尖或渐尖，基部为圆形或近心形，边缘有粗锯齿或圆齿，叶面有光泽。

由多数小核果集合而成，长圆形或卵圆形，黄棕色、棕红色至暗紫色，气味微酸而甜。

黄金果

别　名：乳茄、五指茄、乳香茄
科　属：茄科，茄属
原产地：美洲

 喜温暖、光照充足的环境

 生长期每15天施肥1次

 15 ~ 25℃

保持土壤湿润

特征 直立草本植物。茎被短柔毛及扁刺，小枝被有节的长柔毛，刺蜡黄色。叶卵形，常5裂，裂片浅波状。蝎尾状花序腋外生，通常花3 ~ 4朵；萼近浅杯状；花冠紫堇色。浆果倒梨状，有5个乳头状突起。

应用 用于庭院栽植或作盆栽、切花等。

圣女果

别　名：小西红柿、小金果、贞女果
科　属：茄科，番茄属
原产地：南美洲

 喜温暖、光照充足的环境

 有机肥为主，增施钾肥

 20 ~ 28℃

 见干见湿，土壤干则浇水

特征 一年生草本植物。根系发达，侧根发生多。有茎蔓自封顶的，品种少；有无限生长的，株高2米以上。奇数羽状复叶，小叶多而细；果实有红、黄、绿等果色，以圆球形为主，还有洋梨形、醋栗形。

应用 用于庭院、果园栽植或作盆栽等。

花红

别　名：小苹果、沙果、林檎
科　属：蔷薇科，苹果属
原产地：中国

 喜阳光充足的
环境

 从现蕾开始，每
10 天施肥 1 次

 15 ~ 20℃

 土壤干则浇水

特征 小乔木植物。小枝粗壮，圆柱形，嫩枝密被柔毛，老枝暗紫褐色；叶片卵形或椭圆形，伞房花序，有花 4 ~ 7 朵；萼筒钟状；萼片三角披针形；花瓣倒卵形或长圆倒卵形，淡粉色；果实卵形或近球形，黄色或红色。

应用 用于庭院、果园栽植等。

五彩樱桃椒

别　名：樱桃椒
科　属：茄科，辣椒属
原产地：日本

 喜阳光充足的
环境

 花果期每 10 ~ 15
天追肥 1 次

 15 ~ 30℃

 土壤干则浇水

特征 多年生半木质性植物。分枝性强，每株分50 ~ 80 枝侧枝；果实圆球形，同一植株上的果实分绿、紫、黄、鲜红等颜色，并且花果同株；果实呈小圆球形，似樱桃，果实基部宿存花萼平展。

应用 用于庭院、种植园栽植或作盆栽等。

山楂

别　名：红果、山里果
科　属：蔷薇科，山楂属
原产地：中国

 喜阳光充足的环境

 15～25℃

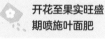 开花至果实旺盛期喷施叶面肥

开花前后及膨果期各浇 1 次

(特征) 落叶乔木植物。树皮粗糙，暗灰色或灰褐色；叶片宽卵形或三角状卵形，稀菱状卵形。伞房花序，花较多；萼筒钟状；萼片三角卵形至披针形；花瓣倒卵形或近圆形。果实近球形或梨形，深红色，有浅色斑点。

(应用) 用于庭院、公园、果园栽植或作盆栽等。

叶片多为宽卵形或三角状卵形，先端短渐尖，基部截形至宽楔形，通常两侧各有 3～5 枚羽状深裂片。

果实近球形或梨形，直径 1～1.5 厘米，深红色，有浅色的斑点；外面稍有棱。果期为 9～10 月。

石榴

别　名： 安石榴、丹若
科　属： 石榴科，石榴属
原产地： 巴尔干半岛等地

 喜温暖向阳的环境

 生长期应追肥3～5次

 15～20℃

 可经常保持土壤湿润

（特征）落叶乔木或灌木植物。单叶，通常对生或簇生；花顶生或近顶生，单生或几朵簇生或组成聚伞花序，近钟形；花瓣5～9枚，覆瓦状排列；浆果球形或近球形，顶端有宿存的花萼裂片；外种皮肉质半透明；内种皮革质。

（应用）用于庭院、公园、果园栽植或盆栽等。

单叶对生或簇生，叶片为长披针形至长圆形或椭圆状披针形，顶端尖，表面有光泽，背面中脉凸起。

浆果球形或近球形，顶端有宿存花萼裂片；外种皮肉质半透明，为鲜红、淡红或白色，室内有子粒多数。

山莓

别　名：树莓、牛奶泡、刺葫芦
科　属：蔷薇科，悬钩子属
原产地：不详

特征 直立灌木植物。枝有皮刺，幼时被柔毛；
单叶，卵形至卵状披针形；花单生或少数
生于短枝上；萼片卵形或三角状卵形；花
瓣长圆形或椭圆形，白色；果实由很多小
核果组成，近球形或卵球形，红色，密被
细柔毛。

应用 用于庭院、花坛、坡地或种植园栽植等。

 喜阳光充足的环境

 开花至幼果期、采果后各追肥 1 次

 16 ~ 28℃

 生长期保持土壤湿润

火棘

别　名：火把果、救军粮、红子刺
科　属：蔷薇科，火棘属
原产地：中国

特征 常绿灌木植物。侧枝短，先端呈刺状，嫩
枝外被锈色短柔毛；叶片倒卵形或倒卵状
长圆形；花集成复伞房花序；萼筒钟状；
萼片三角卵形，先端钝；花瓣白色，近圆
形；果实近球形，橘红色或深红色。

应用 用于庭院、园林、行道树栽植或作盆栽等。

 喜阳光充足的环境

 施足基肥，开花前和坐果期再追肥

 20 ~ 30℃

 开花前后和夏初各灌水 1 次

山荆子

别　名：林荆子、山定子、山丁子
科　属：蔷薇科，苹果属
原产地：中国

特征 落叶乔木植物。灰褐色，光滑，不易开裂。
叶片椭圆形，先端渐尖，基部楔形，叶缘
锯齿细锐；伞形总状花序，花白色，4 ~ 6
朵花簇生在短枝顶端；萼片披针形；花瓣
倒卵形；果近球形，红色或黄色。

应用 用于庭院、公园、果园、绿地栽植等。

 喜阳光充足的环境

 苗期进行 1 次土壤追肥或叶面喷肥

 16 ~ 28℃

 土壤干则浇水

白蛋茄

别　名：巴西金银茄、看茄、观赏茄
科　属：茄科，茄属
原产地：亚洲东南热带

（特征）一年生草本植物。形态及习性均似茄子，高约30厘米；叶互生，长椭圆形，先端尖，基部圆钝，全缘或有稍波状，绿色；单花自叶腋间抽出，夏季开花；浆果为白色，成熟时较黄，椭圆形，形似鸡蛋。

（应用）用于庭院栽植或作盆栽等。

喜阳光充足的环境

结合浇水进行追肥

16～28℃

生长期保持土壤稍湿润

枇杷

别　名：芦橘、金丸、芦枝
科　属：蔷薇科，枇杷属
原产地：中国东南部

（特征）常绿小乔木植物。小枝粗壮，黄褐色；叶片革质，披针形、倒披针形、倒卵形或椭圆长圆形；圆锥花序顶生，花多；萼筒浅杯状，萼片三角卵形；花瓣白色，长圆形或卵形；果实球形或长圆形，黄色或橘黄色。

（应用）用于庭院、公园、果园栽植或作盆栽等。

喜阳光充足的环境

追施采果肥、促花肥、壮果肥

12～28℃

生长期保持土壤湿润

倒地铃

别　名：心豆藤、白心籽、假苦瓜
科　属：无患子科，倒地铃属
原产地：美洲亚热带、热带地区

（特征）一年生或二年生缠绕藤本植物。茎质柔，疏被毛；叶互生，二回三出复叶，小叶卵形披针形；花腋生，数朵呈聚伞花序，花两性，花瓣白色，4枚，2枚较大，另2枚有冠状鳞片1枚；果膨大近于球形。

（应用）用于公园、种植园、绿篱栽植或作盆栽等。

喜阳光充足的环境

施足基肥

20～30℃

保持土壤湿润

枣

别　名： 大枣、枣子、红枣
科　属： 鼠李科，枣属
原产地： 中国

 喜阳光充足的环境

 15～25℃

 每30天追肥1次

 与施肥结合，施肥后浇水

特征 落叶灌木或小乔木植物。枝平滑无毛，幼枝纤弱而簇生；单叶互生，卵圆形至卵状披针形，少有卵形；花小型，呈短聚伞花序，丛生于叶腋，黄绿色；萼裂，绿色；核果矩圆形或长卵圆形，熟时深红色，果肉味甜。

应用 用于庭院、公园、果园栽植等。

叶纸质，卵形或卵状椭圆形等，顶端钝或圆形，边缘有圆齿状锯齿，上面深绿色，无毛，下面浅绿色。

核果矩圆形或长卵圆形，未成熟时绿色，成熟时深红色，后逐渐变红紫色，果皮肉质且厚，味道甜。

木瓜

别 名：木李、光皮木瓜
科 属：蔷薇科，木瓜属
原产地：中国

 喜阳光充足的环境

 22 ~ 30℃

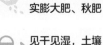 追好花前肥、果实膨大肥、秋肥

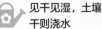 见干见湿，土壤干则浇水

特征 灌木或小乔木植物。叶片椭圆卵形或椭圆长圆形，稀倒卵形，微被柔毛，有腺齿；花单生于叶腋；萼筒钟状外面无毛；萼片三角披针形；花瓣倒卵形，淡粉红色；果实为长椭圆形，暗黄色，木质，味道芳香。

应用 用于庭院、园林栽植或作盆栽等。

叶片多椭圆卵形或椭圆长圆形，微被有柔毛，先端急尖，基部宽楔形或圆形，边缘有刺芒状尖锐锯齿。

果实长椭圆形，果肉木质，味芳香，长 10 ~ 15 厘米，果实变为暗黄色成熟后采摘；果期为 9 ~ 10 月。

人心果

别　名：吴凤柿、赤铁果、奇果
科　属：山榄科，铁线子属
原产地：墨西哥、中美洲等

特征 乔木植物。小枝茶褐色，有明显的叶痕；叶互生，密聚于枝顶，革质，长圆形或卵状椭圆形；花1～2朵生于枝顶叶腋；花萼外轮3裂片长圆状卵形；花冠白色，裂片卵形；浆果纺锤形、卵形或球形，褐色。

应用 用于庭院、公园栽植等。

 喜阳光充足的环境

 春秋两季各追肥1次

 22～30℃

 保持土壤湿润

番石榴

别　名：鸡屎果、喇叭番石榴
科　属：桃金娘科，番石榴属
原产地：热带美洲

特征 乔木植物。树皮平滑，灰色；嫩枝有棱，被毛；叶片革质，长圆形至椭圆形；萼管钟形，有毛，萼帽近圆形，不规则裂开；浆果球形、卵圆形或梨形，顶端有宿存萼片，果肉白色及黄色，胎座肥大，肉质，淡红色。

应用 用于庭院、果园、行道树栽植等。

 喜阳光充足的环境

 勤施薄施，有机肥和化肥合理搭配

 23～28℃

 保持土壤湿润

洋蒲桃

别　名：莲雾
科　属：桃金娘科，蒲桃属
原产地：马来半岛、安达曼群岛

特征 多年生常绿乔木植物。嫩枝压扁；叶片薄革质，椭圆形至长圆形；聚伞花序顶生或腋生，有花数朵；花白色；萼管倒圆锥形，萼齿4枚，半圆形；果实梨形或圆锥形，肉质，洋红色，发亮，顶部凹陷。

应用 用于庭院、园林、行道树栽植等。

 喜阳光充足的环境

 前期及结小果以后多施磷钾肥

 25～30℃

 保持土壤稍干燥

柿

别　名：朱果、猴枣
科　属：柿科，柿属
原产地：中国

 喜温暖、光照充足的环境

 秋施基肥，追施促芽肥、膨果肥

 16 ~ 25℃

 土壤干则浇水

特征 落叶大乔木植物。树冠球形或长圆球形；叶片纸质，卵状椭圆形至倒卵形或近圆形；花序腋生，为聚伞花序，有花 3 ~ 5 朵；花冠为钟状，黄白色；果形普遍呈卵形或扁圆形，果色由青色转为黄色，熟时呈红色。

应用 用于庭院、果园栽植或作城市绿化树种等。

佛手

别　名：佛手柑、五指橘、蜜萝柑
科　属：芸香科，柑橘属
原产地：中国

 喜阳光充足的环境

 3 ~ 8 月每月施 1 次速效有机肥

 15 ~ 30℃

 土壤干则浇水

特征 常绿灌木或小乔木植物。枝为三棱形；单叶互生，叶片椭圆形或卵状椭圆形；花多在叶腋间生出，常数朵成束，花冠 5 瓣，白色微带紫晕。果皮鲜黄色，皱而有光泽，顶端分歧，常张开如手指状，故名"佛手"。

应用 用于庭院、果园栽植等。

金橘

别　名：金枣、金弹、牛奶柑
科　属：芸香科，金橘属
原产地：中国

☀ 喜阳光充足的环境

🌸 每 7 ~ 10 天施 1 次腐熟液肥

🌡 22 ~ 30℃

💧 生长期保持土壤湿润

特征 常绿灌木植物。枝有刺；叶质厚，浓绿，卵状披针形或长椭圆形；单花或 2 ~ 3 花簇生；花萼 4 ~ 5 裂；花瓣 5 枚，白色，芳香；果椭圆形或卵状椭圆形，橙黄至橙红色，果皮味甜，油胞常稍凸起，瓤囊 4 ~ 5 瓣。

应用 用于庭院、果园栽植或作盆栽等。

椰子

别　名：越王头、椰瓢、大椰
科　属：棕榈科，椰子属
原产地：亚洲东南部、印度尼西亚等

☀ 喜高温、光照充足的环境

🌸 每年 4 ~ 5 月及 11 ~ 12 月施肥

🌡 26 ~ 27℃

💧 保持土壤湿润

特征 乔木植物。茎粗壮，有环状叶痕；叶羽状全裂，裂片多数，革质，线状披针形；花序腋生，多分枝；花瓣 3 枚，卵状长圆形；萼片阔圆形；果卵球状或近球形，顶端微具 3 棱，外果皮薄，内果皮木质坚硬。

应用 用于庭院栽植等。

Part 4

常见
观茎植物

观茎植物是指茎秆具有一定观赏价值的植物，
此种观赏植物的茎或形状奇特，
如酒瓶兰、佛肚竹、棒槌树、非洲霸王树等，
或茎的颜色独特，具有很好的观赏性，
如铜绿麒麟、亚龙木等。

老乐柱

别　名：无
科　属：仙人掌科，多棱球属
原产地：秘鲁

 喜温暖、阳光充足的环境

 生长期适量追肥即可

 20～28℃

 生长期保持土壤稍湿润

特征 幼株为椭圆形，老株为圆柱形。基部易出分枝，鲜绿色；茎粗7～9厘米，高1～2米，有20～25个直棱；植株的茎密被白色的丝状毛，有多枚黄白色细针状周刺，黄白色中刺1～2枚；夏季开白色钟状花。

应用 可作盆栽置于阳台或布置沙漠景观等。

琉璃晃

别　名：琉璃光
科　属：大戟科，大戟属
原产地：南非

 性喜温暖、阳光充足的环境

 生长期可每月施1次肥

 18～30℃

 生长期可每7天浇水1次

特征 多年生肉质植物。株高为8～10厘米。茎球状或短圆筒形，花开于顶端棱角的软刺之间，茎有12～20条纵向排列的锥状绿色疣突；叶片细小，着生在每个疣突的顶端；聚伞花序，花杯状，黄绿色。

应用 可作花坛栽植或盆栽点缀阳台、客厅等。

近卫柱

别　名：无
科　属：仙人掌科，近卫柱属
原产地：玻利维亚、阿根廷

 性喜温暖、阳光充足的环境

 生长期可适量追肥

 15 ~ 30℃

 土壤干透则浇水，每次浇透即可

特征 树形仙人掌，高大柱状种。株高 5 ~ 8 米，茎蓝绿色，有 8 ~ 9 个棱，周刺 7 ~ 9 枚，中刺 1 枚；刺初黄褐色或白色，后转黑色。在刺座上生有 "V" 形的果实；花夜开，长 15 厘米，内瓣白色，外瓣鲜绿色。

应用 可作园林、花坛栽植或作盆栽等。

巨鹫玉

别　名：鱼钩球
科　属：仙人掌科，强刺球属
原产地：墨西哥、加利福尼亚半岛

 喜阳光充足的环境

 生长期每月施 1 次肥

 15 ~ 35℃

 生长期可充分浇水

特征 多年生肉质草本植物。植株开始为短圆筒形，后呈短圆柱状。体色青绿色，表皮坚厚。球直径为 30 厘米左右，有 13 个脊高且薄的棱，棱峰上的刺座大又凸出；白色刚毛状的周刺有 10 ~ 12 枚，中刺 4 枚，中间主刺 1 枚，扁锥形。

应用 可作为橱窗、客厅或者书房的盆栽等。

螺旋麒麟

别　名：无
科　属：大戟科，大戟属
原产地：非洲南部

特征　多年生肉质植物。植株没有叶片，茎肉质，圆柱形，有3棱，呈螺旋状生长；茎表绿色，有不规则的淡黄白色晕纹，棱缘有对生的锐刺，新刺红褐色，老刺黄褐至灰白色；小花黄色，着生在茎的顶部或上部。

应用　用作盆栽点缀窗台或者书房等。

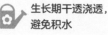

喜温暖、阳光充足的环境	每20天施1次腐熟稀薄液肥
15～27℃	生长期干透浇透，避免积水

绿玉树

别　名：光棍树、龙骨树、绿珊瑚
科　属：大戟科，大戟属
原产地：地中海沿岸

特征　热带灌木或小乔木植物，高为2～9米。叶细小互生，呈线形或退化为不明显的鳞片状；枝干圆柱状绿色，分枝对生或轮生；嫩枝绿色圆筒状，像铅笔，叶片小，早落；花为杯状聚伞花序；花冠5瓣，黄白色。

应用　用作防护林栽植、盆栽或作药用植物等。

喜阳光充足的环境	可每10～15天施1次肥
25～30℃	见干见湿，干透再浇

巴西龙骨

别　名：龙骨柱
科　属：大戟科，大戟属
原产地：不详

特征　巴西龙骨的植株呈三棱形状，分枝较多，蓝绿色，高为4～5米，棱边有小刺，刺极短。夏季开白花，有花4～9朵，丛生于上部的刺座上，昼开夜闭（盆栽的一般不容易开花）；浆果小圆形，蓝紫色。

应用　用作盆栽点缀窗台或者书房等。

喜温暖、阳光充足的环境	每月施1次以磷钾为主的薄肥
15～25℃	每10天浇1次水，每次浇透

铜绿麒麟

别　名：铜绿麒麟
科　属：大戟科，大戟属
原产地：南非

特征 灌木状肉质植物。茎为圆柱状，从基部分枝，形成密集多刺的灌丛，分枝有 4 ～ 5 棱；茎枝的表皮为铜绿色，棱缘上有倒三角形或是"T"形的红褐色斑块；春季开花，花较小，像微型腊梅花，黄绿色。

应用 可作盆栽置于阳台、客厅等。

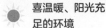

喜温暖、阳光充足的环境　　适量追肥即可

 15 ～ 25℃　 生长期可充分浇水，防止积水

金晃

别　名：黄翁
科　属：仙人掌科，南国玉属
原产地：巴西南部

特征 茎圆柱形，高为 60 ～ 70 厘米，直径 10 厘米，基部易出分枝；棱有 30 道或更多，刺座排列紧密；周刺 15 枚，刚毛状，黄白色；中刺 3 ～ 4 枚，黄色，细针状；花着生茎顶端，花朵大，黄色，异常美丽。

应用 用作盆栽布置居室或公共场所等。

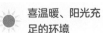
喜温暖、阳光充足的环境　　生长期每月追施 1 次肥

 15 ～ 30℃　 生长期保持土壤稍湿润

金琥

别　名：象牙球、金琥仙人球
科　属：仙人掌科，金琥属
原产地：墨西哥

特征 多年生肉质单生植物，绿色，茎圆球形，单生或成丛，球顶密被金黄色绵毛；外部有 21 ～ 37 个棱，均匀分布，棱脊有刺座，密生硬刺，金黄色；花生于球顶部的绵毛丛中，钟形，黄色；花筒被尖鳞片。

应用 可作盆栽置于书案、厅堂等。

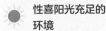
性喜阳光充足的环境　　春、秋季每 7 天施 1 次有机肥

 20 ～ 25℃　 春、秋季保持充足的水分供应

英冠玉

别　名：莺冠玉
科　属：仙人掌科，南国玉属
原产地：巴西南部

 喜光照充足的环境

 适量追肥

 18 ~ 24℃

 生长期保持盆土湿润

特征 多年生肉质植物。茎幼时为球形，后渐变为圆筒形；植株蓝绿色，有棱 11 ~ 15 个。茎顶密生绒毛；刺座密集，放射状刺 12 ~ 15 枚，黄白色，中刺 8 ~ 12 枚，针状，褐色；花较大，花冠漏斗状，鹅黄色。

应用 适用于盆栽或暖地地栽观赏。

将军阁

别　名：里氏翡翠塔
科　属：大戟科，翡翠塔属
原产地：肯尼亚、埃塞俄比亚

 喜阳光充足的环境，耐半阴

 生长期每 15 天施 1 次腐熟饼肥水

 18 ~ 24℃

 生长期保持盆土稍湿润

特征 多年生肉质植物。植株矮胖，基部多分枝，茎及分枝均为肉质，呈圆柱形，深绿或浅绿色，有线状凹纹；小叶轮生，叶片卵圆形，绿色，有细毛，边缘稍有波状起伏；假伞形花序，有小花，黄绿色。

应用 可作植物园栽植或作盆栽置于阳台处。

佛肚树

别　名：麻疯树、瓶子树、纺锤树
科　属：大戟科，麻疯树属
原产地：澳大利亚

 喜温暖、光照充足的环境

每15天施1次腐熟饼肥水

22 ~ 28℃

生长期保持盆土稍干燥

特征 多年生肉质植物。不分枝或少分枝；茎基部或下部通常膨大呈瓶状；枝条粗短，肉质；叶盾状着生，轮廓近圆形至阔椭圆形；花序顶生，有长总梗，红色，花萼裂片近圆形；花瓣倒卵状、长圆形，红色。

应用 用于庭院、园林栽植或作盆栽等。

麒麟角

别　名：麒麟掌、玉麒麟
科　属：大戟科，大戟属
原产地：印度东部

 喜温暖、光照充足的环境

 生长期每月施1次腐熟饼肥水

 22 ~ 28℃

 生长期保持土壤稍湿润

特征 多年生灌木状肉质植物。茎上部有数个分枝，幼枝绿色；茎与分枝有5 ~ 7棱；叶互生，密集于分枝顶端，倒披针形至匙形；花序二歧聚伞状，常生于枝顶；总苞杯状，黄色；腺体横圆形，色泽暗黄。

应用 可栽植于庭院、墙角或作盆栽置于窗台、客厅等。

大戟阁锦

别　名：无
科　属：大戟科，大戟属
原产地：南非

 喜温暖、光照充足的环境　　 每20天施1次有机肥

 16 ~ 21℃　　 每月浇水1次

特征 多年生肉质植物。植株呈乔木状，有短而粗的主干及数量众多的分枝，肉质茎有4 ~ 5棱，棱脊凸出，棱缘波浪形，表皮花白色或黄白色；生长旺盛时茎顶端有披针形、花白色或黄白色叶片长出。

应用 可作盆栽装饰大型客厅、居室等处。

泥鳅掌

别　名：地龙、初膺
科　属：菊科，千里光属
原产地：东非、阿拉伯地区

 喜温暖、阳光充足的环境　　 少量施肥

 18 ~ 24℃　　 保持土壤稍干燥

特征 肉质灌木植物。植株矮小，茎部两端尖，中间呈柱形平置于地面，整体灰绿或褐色，带深绿色条纹，外形犹如泥鳅或蛇，故称为"泥鳅掌"；叶线形，干枯后如同小刺；头状花序1 ~ 2朵，花橙红或血红色。

应用 可作盆栽置于书桌、书架等。

天龙

别　名：天龙千里光
科　属：菊科，千里光属
原产地：非洲

 喜阳光充足的环境

 生长期施肥2 ~ 3次即可

 15 ~ 22℃

 生长期每7天浇水1次

特征　多年生肉质草本植物。基部分枝多，茎干呈圆柱状，至少有一半以上部位密生有细长柔软的肉质叶片，叶细长，簇生于茎顶；叶的基部或叶脱落后留存点的下方，有3条左右纵向条纹；茎长弯曲似苍龙，因此而得名。

应用　用作多种造型，摆放在阳台、窗台上等。

亚龙木

别　名：大苍炎龙
科　属：龙树科，亚龙木属
原产地：马达加斯加

 喜阳光充足的环境，耐半阴

 全年施肥2 ~ 3次即可

 19 ~ 24℃

 生长期保持盆土稍湿润

特征　多年生常绿肉质化木本灌木或小乔木植物。茎干挺拔，颜色为白色或灰白色，生长有细锥状的刺，叶片生于其间。大叶为绿色，叶片肉质，经常成对生长，形状为卵形至心形；花呈黄色或白绿色。

应用　用作装饰客厅、门廊的盆栽等。

非洲霸王树

别　名：马达加斯加棕榈
科　属：夹竹桃科，棒槌树属
原产地：非洲马达加斯加

 喜温暖、光照充足的环境

 每月施 1 次腐熟肥饼水

 20 ~ 25℃

 生长期保持土壤湿润

特征 多肉植物。植株挺拔高大，最高可达 6 米，外观奇特，状似一个超大的棒槌；茎干褐绿色，圆柱形，密生 3 枚 1 簇的硬刺；茎顶丛生翠绿色长广线形叶，叶柄、叶脉均为淡绿色；夏季开白色花。

应用 可作盆栽置于窗台、阳台或客厅等。

棒槌树

别　名：光堂、密刺瓶干树
科　属：夹竹桃科，棒槌树属
原产地：纳米比亚

 喜温暖、光照充足的环境

 每月施 1 次腐熟饼肥水

 20 ~ 25℃

 生长期每 15 ~ 20 天浇水 1 次

特征 落叶肉质植物。茎高 1.5 ~ 2 米，不分枝，密生小刺，灰褐色；茎干呈棒槌形；茎顶簇生卵形至长披针形的叶片，叶缘平整或呈波浪形，湿润季长叶，干旱季叶子掉光；叶腋处开黄色花，聚伞花序。

应用 用于种植园栽植或作盆栽，摆放于窗台、茶几、客厅等。

酒瓶兰

别　名：象腿树
科　属：龙舌兰科，酒瓶兰属
原产地：墨西哥

☀ 喜温暖、阳光充足的环境

✿ 勤施液肥，增施钾肥

🌡 16～28℃

🔒 生长期保持盆土湿润

特征 常绿乔木多肉植物，株高可达 10 米。地下根肉质，茎干直立，下部较肥大，状似酒瓶；单一的茎干顶端长出带状内弯的革质叶片，叶线形，全缘或细齿缘，革质而下垂，叶缘有细锯齿；圆锥状花序，花小，白色。

应用 用于园林栽植或作盆栽置于客厅、阳台等。

佛肚竹

别　名：佛竹、罗汉竹、大肚竹
科　属：禾本科，簕竹属
原产地：中国广东

☀ 喜阳光充足的环境

✿ 生长盛期每 30 天施氮肥 1 次

🌡 18～30℃

🔒 保持土壤湿润

特征 丛生型竹类植物。幼秆深绿色，稍被白粉，老时转榄黄色。秆分 2 型：正常圆筒形，高 7～10 米；畸形秆通常 25～50 厘米，节间较短；箨叶卵状披针形；箨耳发达，圆形或卵形至镰刀形。

应用 用于园林、庭院栽植或作盆栽等。

仙人掌

别　名：仙巴掌、霸王树
科　属：仙人掌科，仙人掌属
原产地：墨西哥东海岸、美国东南部沿海等

 喜阳光充足的环境
 生长期 10 天施肥 1 次，冬季不施肥
 20 ~ 25℃
 保持盆土稍湿润即可

特征 丛生肉质灌木植物。茎肥厚，根系纤细，植株丛生，上面布满针刺，呈鲜绿色；上部分枝宽倒卵形或近圆形；花朵颜色鲜艳；果实紫红色，倒卵球形，顶端凹陷。

应用 作为小型盆栽放置于窗台、客厅、书桌边等。

仙人球

别　名：草球、长盛球
科　属：仙人掌科，仙人球属
原产地：南美洲

 喜阳光充足的环境
 每 10 ~ 15 天施 1 次肥
 20 ~ 25℃
 保持土壤较干燥

特征 多年生肉质草本植物。整体呈黄绿色；外形呈圆球或是椭圆球状，球体有若干条纵棱，棱的表面布满了长短不一的针刺，呈放射状排列；花银白色或粉红色，花较大，侧生，着生于刺丛中，呈喇叭状。

应用 用作小盆景摆放在电脑桌旁抗辐射等。

乌羽玉

别　名：僧冠掌、乌鱼
科　属：仙人掌科，乌羽玉属
原产地：墨西哥、美国

☀ 喜阳光充足的
环境

🌡 15 ~ 20℃

🌸 生长期每月施肥
1 次即可

🔒 生长期保持盆土
湿润

特征 多年生肉质草本植物。分株多，根部粗壮，
形似萝卜；表面暗绿或灰绿色，球形或者
扁球形；植株螺旋状分布，顶端长满绒毛；
小花钟状或漏斗状，淡粉红色至紫红色；
浆果为粉红色。

应用 作为盆栽置于窗台、书桌等。

鸾凤玉

别　名：僧帽
科　属：仙人掌科，星球属
原产地：墨西哥

☀ 性喜阳光充足
的环境

🌡 13 ~ 28℃

🌸 每 20 天施 1 次
腐熟有机肥

🔒 每 15 天浇水
1 次

特征 单生植物。形状球形或长球形，有 3 ~ 8
道棱，多为 5 棱，球体呈对称五星状，棱
脊上长有刺座，刺座上有褐色窝状绒毛；
球体表面有白色星点；花朵着生在球体顶
部刺座上，漏斗形，黄色或有红心。

应用 可用作盆栽置于书房、阳台等。

短毛球

别　名：柱状仙人球、草球
科　属：仙人掌科，仙人球属
原产地：南美热带

 喜温暖、光照充足的环境　 生长季节每15天施1次肥

 18 ~ 30℃　 每15天浇水1次

特征 多年生肉质植物。幼株单生，老株易丛生；球体呈绿色圆筒状，球形外有棱11 ~ 18道，棱排列整齐，棱上有10 ~ 14枚短刺，淡褐色；花朵侧生，喇叭状，颜色为白色，有香味，夜晚开放。

应用 用作植物园、公园温室展览或作盆栽置于室内、办公室等。

多棱球

别　名：多棱玉
科　属：仙人掌科，多棱球属
原产地：墨西哥

 全日照或半日照　 每月施1次稀薄有机肥

 15 ~ 25℃　 每20天浇1次水

特征 多年生植物。形态奇特，绿色球形，外部分布有80 ~ 100道棱，密集而薄且呈波浪状；每道棱上有2个刺座，刺6 ~ 9枚，黄色，后变为灰色；球体顶端开花，形状如钟，白色，花瓣上有淡紫色细脉。

应用 用作盆栽置于书房或办公桌一角等。

翡翠柱

别　名：紫纹龙、冈氏翡翠塔
科　属：仙人掌科，卧龙柱属
原产地：坦桑尼亚

 全日照或半日照

生长期每 15 天施肥 1 次

18 ~ 24℃

生长期每 7 天浇水 1 次

（特征）多年生肉质植物。株高 30 ~ 50 厘米，株幅 30 ~ 40 厘米；茎柱状，直立，粗壮，基部分枝多，茎面菱形瘤突明显，深绿色；叶片卵圆形，绿色，聚生于茎顶；花小，黄绿色，花期夏季。

（应用）作盆栽置于客厅、书房或庭院等。

黄毛掌

别　名：兔耳掌、金乌帽子
科　属：仙人掌科，仙人掌属
原产地：墨西哥

 喜温暖、光照充足的环境

 生长期每月施肥 1 次

 20 ~ 25℃

 保持盆土湿润，冬季宁干勿湿

（特征）多年生肉质草本植物。植株直立。灌木状，有分枝，高 60 ~ 100 厘米；茎节呈较阔的椭圆形或广椭圆形，黄绿色，形似兔耳，有金黄色钩毛刺覆盖；花淡黄色，短漏斗形；浆果圆形，果肉为白色。

（应用）可作盆栽置于窗台、阳台、书桌等。

索引